高等教育艺术设计专业“十四五”校企合作融媒体系列教材

版式设计与应用

主　编　吴永坚　冯榕灿　武青帅

副主编　黄　艳　张克敏　李一冉　辛翠娥

華中科技大學出版社

http://press.hust.edu.cn

中国·武汉

图书在版编目(CIP)数据

版式设计与应用 / 吴永坚，冯榕灿，武青帅主编 . —武汉：华中科技大学出版社，2023.11
ISBN 978-7-5772-0177-1

Ⅰ . ①版… Ⅱ . ①吴… ②冯… ③武… Ⅲ . ①版式—设计 Ⅳ . ① TS881

中国国家版本馆 CIP 数据核字(2023)第 216967 号

版式设计与应用
Banshi Sheji yu Yingyong

吴永坚 冯榕灿 武青帅 主编

策划编辑:江 畅
责任编辑:段亚萍
封面设计:孢 子
责任监印:朱 玢
出版发行:华中科技大学出版社(中国 · 武汉) 电话:(027)81321913
武汉市东湖新技术开发区华工科技园 邮编:430223
录 排:武汉创易图文工作室
印 刷:武汉科源印刷设计有限公司
开 本:889 mm × 1194 mm 1/16
印 张:7.5
字 数:219 千字
版 次:2023 年 11 月第 1 版第 1 次印刷
定 价:59.00 元

前言

Preface

在本书的编写过程中，编者按照“版式设计”这门课程的教学要求，充分吸收和借鉴国内外此类教材的新成果和新创意，并在国内外众多设计师及专家的研究成果基础上，做了进一步的拓展和探索，力求融科学性、理论性、前瞻性、知识性和实用性于一体。

在创作过程中，还有广东文艺职业学院何美伊、陈紫君、叶苏贤、陈然、谭婉彤提供部分的配图和排版，在此感谢所有创作人员为本书付出的努力。由于时间仓促，疏漏在所难免，希望广大读者批评指正。如果在学习过程中发现问题，或者有更好的建议，欢迎发邮件到 179278652@qq.com 与我们联系。此外，书中所用部分摄影、美术作品来源于网络，由于各种原因未能事先征得作者（或版权持有人）的同意，特致歉意。敬请有关作者（或版权持有人）与本人联系，以便奉上稿酬。

吴永坚　高级工艺美术师

2023 年 8 月 18 日

目录
Contents

Banshi Sheji yu Yingyong

第 1 章

版式设计基础知识

1.1 版式设计的概念

版式设计是指在确定的设计主题和视觉需求上，设计人员在预设的有限版面里，根据特定的主题和内容，合理运用造型要素和形式原则，有组织、有目的地将色彩、文字以及图片等视觉信息要素排列组合的设计行为和过程。

1.2 版式设计的原理

1. 重叠交错

在排版设计中，我们经常在版面中安排一些交错与重叠，使内容有层次，用来打破版面呆板、平淡的格局（见图 1-2-1）。原因在于，在设计时若不断重复使用基本形或线，虽然可以产生安定、整齐、规律的统一，但是它们的形状、大小、方向都是相同的，会给人造成呆板、平淡、缺乏趣味性的视觉感受。

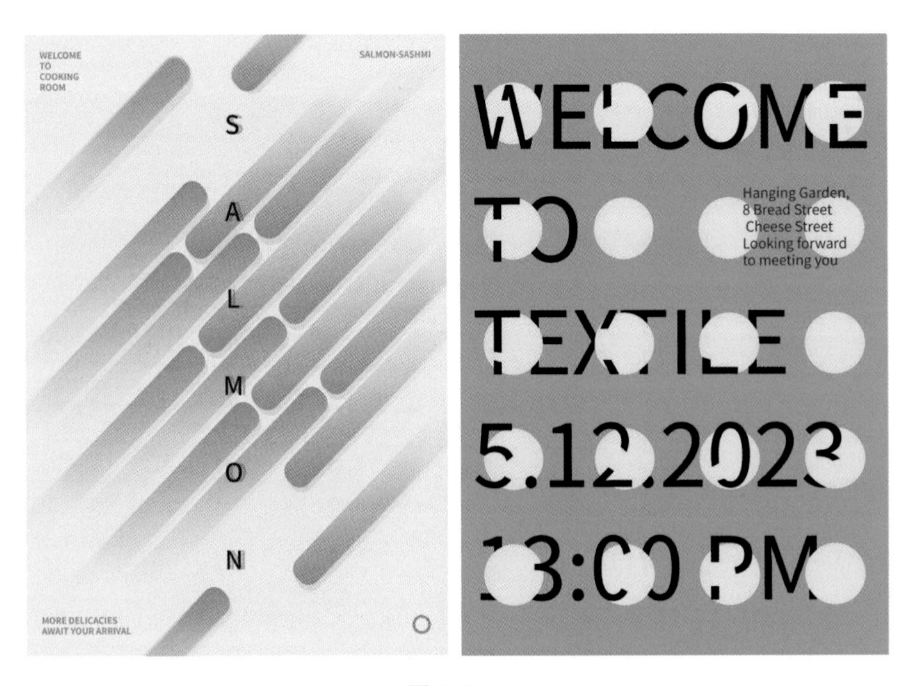

图 1-2-1

2. 节奏韵律

节奏与韵律来自于音乐概念，正如歌德所言："美丽属于韵律。"韵律被现代排版设计所吸收。节奏是按照一定的条理、秩序重复连续地排列，形成一种律动形式。它有等距离的连续，也有渐变、大小、长短、明暗、形状、高低等的排列构成。韵律有节奏且富有情调，它增强了版面的感染力，开阔艺术的表现力，韵律就像是音乐中的旋律，在节奏中注入美的因素和情感，就有了韵律（见图 1-2-2）。

图 1-2-2

3. 对称均衡

两个同一形的并列与均齐，实际上就是最简单的对称形式。对称是同等同量的平衡。对称的形式有以中轴线为对称轴的左右对称、以水平线为基准的上下对称和以对称点为源的放射对称，还有以对称面出发的反转形式。其特点是稳定、庄严、整齐、秩序、安宁、沉静（见图 1-2-3）。

图 1-2-3

4. 对比调和

对比是差异性的强调，对比的因素存在于相同或相异的性质之间。也就是把相对的两要素互相比较，产生大小、明暗、黑白、强弱、粗细、疏密、高低、远近、硬软、直曲、浓淡、动静、锐钝、轻重的对比。对比的最基本要素是显示主从关系和统一变化的效果。

调和指的是不同的事物合在一起之后所呈现的和谐、统一、有秩序、有条理、有组织、有效率和多样平和的状态，强调近似性，以及要素间的共性。

对比与调和是相辅相成的，在版面构成中，一般整体版面宜调和，局部版面宜对比（见图 1-2-4）。

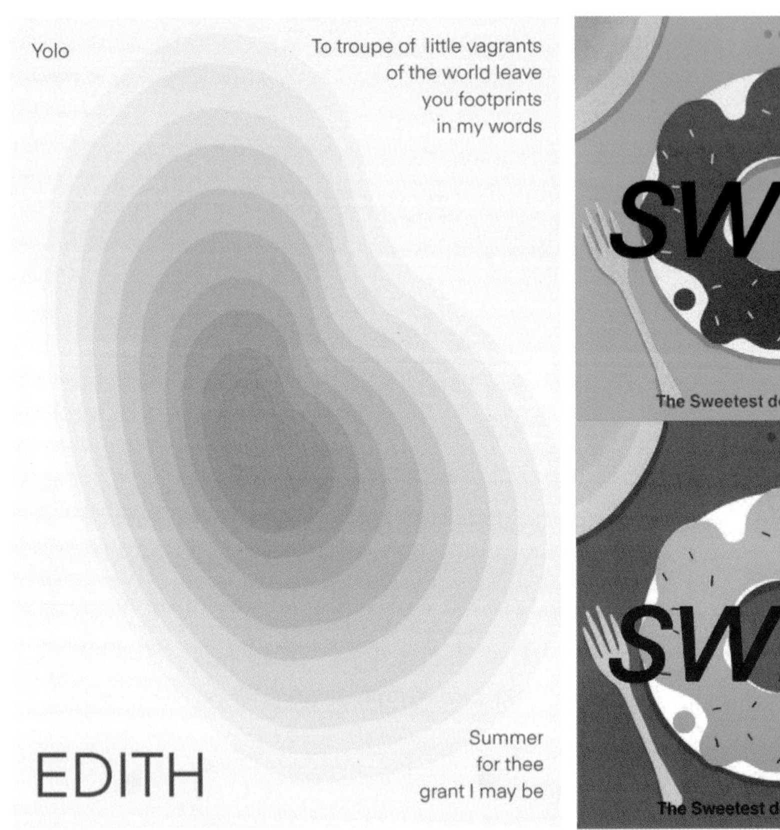

图 1-2-4

5. 比例适度

比例是形的整体与部分以及部分与部分之间数量的一种比率。比例也是一种抽象艺术形式，它使用几何语言和数比词汇等工具来表示现代生活和科学技术。成功的排版设计，首先取决于良好的比例：等差数列、等比数列、黄金比等。黄金比能求得最大限度的和谐，使版面被分割的不同部分产生相互联系。

适度是进行排版时，要照顾版面的整体与局部，要从视觉上适合读者的视觉心理，同时也要兼顾人的生理和习性。

比例与适度，通常具有秩序、明朗的特性，给予人一种清新、自然的感觉（见图 1-2-5）。

6. 变异秩序

变异是规律的突破，是一种在整体效果中的局部突变。这一突变之异，往往就是整个版面最具动感、最引人关注的焦点，也是其含义延伸或转折的始端。变异的形式有规律的转移、规律的变异，可依据大小、方向、形状的不同来构成特异效果。

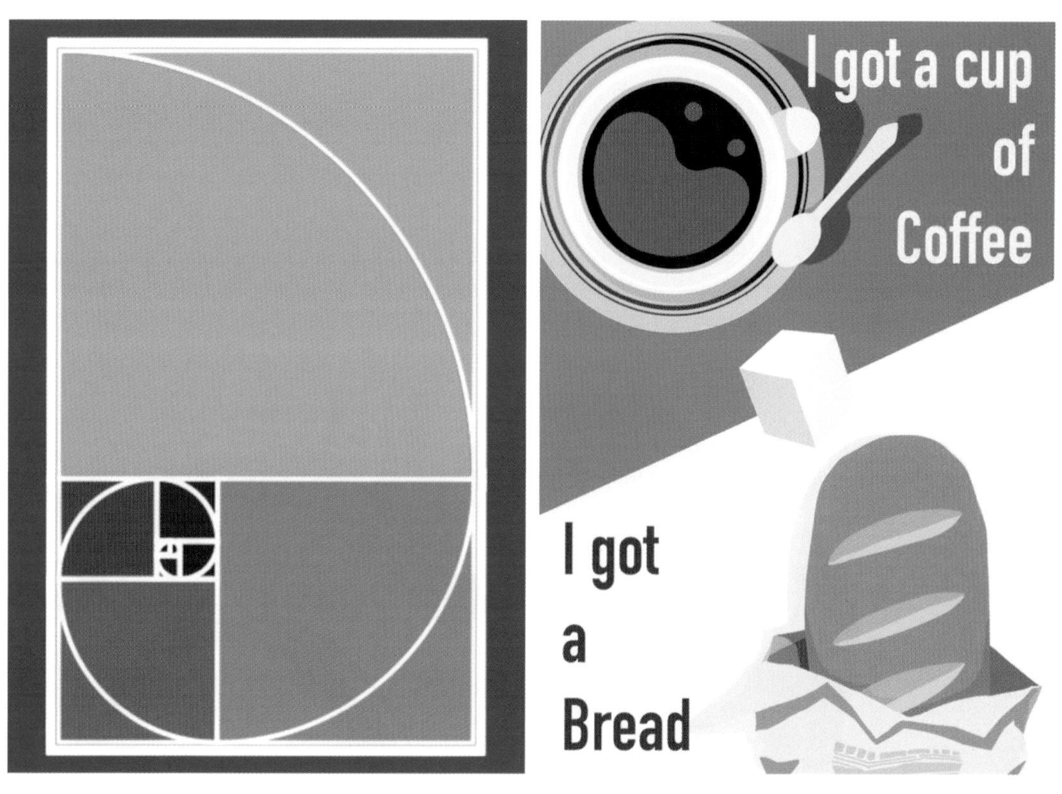

图 1-2-5

秩序美是排版设计的灵魂：版面是由文字、图形、线条等直观因素组成的，秩序能体现版面的条理性和科学性，它具有强烈的组织美感。构成秩序美的原理有对称、均衡、比例、韵律、多样统一等。

在秩序美中融入变异之构成，可使版面获得一种活动的效果（见图 1-2-6）。

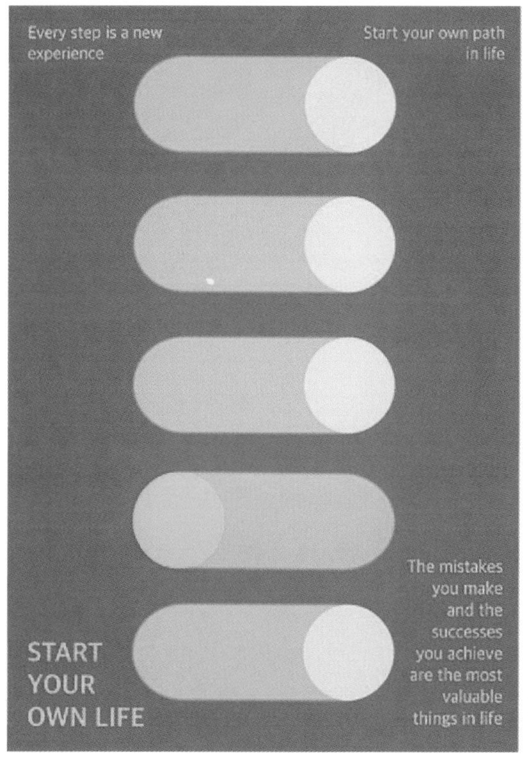

图 1-2-6

7. 虚实留白

中国传统美学中有“计白守黑”这一说法，就是指编排的内容是“黑”，也就是实体，斤斤计较的却是虚空的“白”，也可为细弱的文字、图形或色彩，这要根据内容而定。

留白则是版面中未放置任何图文的空间，它是“虚”的特殊表现手法，其形式、大小、比例决定着版面的质量。留白的感觉是轻松，最大的作用是引人注意。在排版设计中，巧妙地留白，讲究空白之美，是为了更好地衬托主体、集中视线和营造版面的空间层次（见图 1–2–7）。

图 1–2–7

8. 变化统一

变化与统一是形式美的总法则，是对立统一规律在版面构成上的应用。变化与统一是相互对立又相互依存的统一体，变化具有差异性和运动性，统一具有同一性和秩序性，两者相互结合，是艺术表现力的因素之一（见图 1–2–8）。

统一是强调物质和形式中种种因素的一致性方面，最能使版面达到统一的方法是保持版面的构成要素少一些，而组合的形式却要丰富一些。统一的手法可借助均衡、调和、秩序等形式法则。

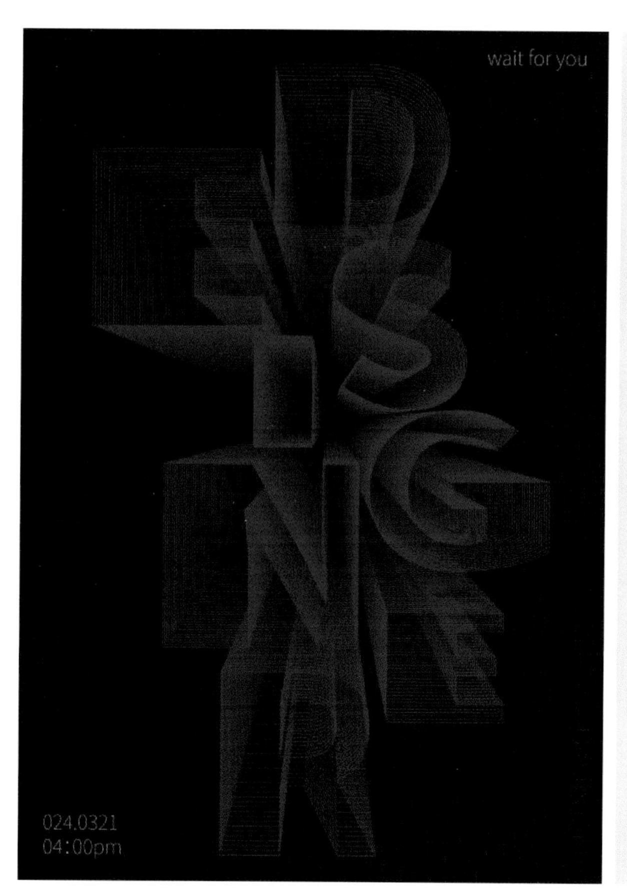

图 1-2-8

1.3　版式设计的顺序

版式设计是一项非常重要的工作，它可以让一份文档或一张海报更加美观、易读、易懂。在进行版式设计时，需要遵循一定的步骤，下面就来介绍一下。

第一步：确定设计目标。

在进行版式设计之前，首先需要明确设计的目标。例如，是要设计一份宣传海报，还是要设计一份年度报告。不同的设计目标需要采用不同的设计风格和版式。

第二步：收集素材。

在进行版式设计之前，需要先收集所需的素材，包括文字、图片、图表等。这些素材需要与设计目标相符合，同时也需要注意版权问题。

第三步:制订设计方案。

在收集到素材之后,需要制订设计方案。设计方案应该包括设计风格、版式结构、字体、颜色等方面的内容。设计方案需要与设计目标相符合,同时也需要考虑受众的需求和喜好。

第四步:进行排版。

在制订好设计方案之后,就可以进行排版了。排版需要注意版面的平衡、对齐、间距等方面的问题,同时也需要注意文字和图片的搭配,以及字体和颜色的搭配。

第五步:进行修饰。

在进行排版之后,可以进行修饰。修饰包括添加背景、边框、阴影等效果,以及调整字体大小、颜色等方面的内容。修饰需要注意不要过度,以免影响版面的整体效果。

第六步:进行审校。

在进行版式设计之后,需要进行审校。审校需要检查文字的拼写、语法、标点等方面的问题,以及图片和图表的清晰度和准确性等方面的问题。审校可以保证设计的质量和准确性。

版式设计需要遵循一定的步骤,包括确定设计目标、收集素材、制订设计方案、进行排版、进行修饰和进行审校。只有在严格遵循这些步骤的情况下,才能设计出高质量的版面。

Banshi Sheji yu Yingyong

第 2 章

版式设计的点线面关系

2.1 版式设计“点”的编排

在版面中的点，由于大小、形态、位置的不同，所产生的视觉效果和心理作用也不同。

点的放大和缩小具有强调和弱化视觉效果的作用，可以增加和强调情感上和心理上的量感。

将行首放大起着引导、强调、活泼版面和成为视觉焦点的作用。

点在版面上的位置：

(1) 当点居于几何中心时，上下左右空间对称，视觉张力均等，既庄重又呆板。

(2) 当点居于视觉中心时，有视觉心理的平衡与舒适感。

(3) 当点偏左或偏右，产生向心移动趋势，但过于边置也产生离心之动感。

(4) 点做上、下边置，有上升、下沉的心理感受。

在设计中，将视点导入视觉中心的设计，如今已屡见不鲜。为了追求新颖的版式，将视点导向左、右、上、下边置的变化已成为今天常见的版式表现形式。另外，为了达到版式设计的更高境界，可以通过运用视点的设计来表述情感，使设计作品更加具有内涵(见图 2-1-1)。

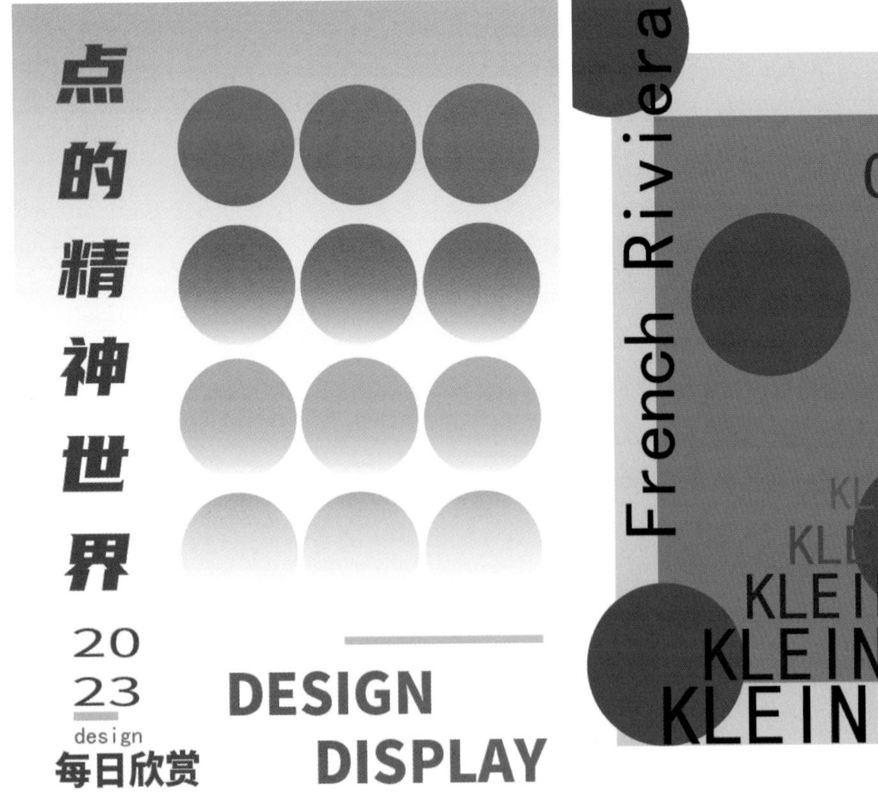

图 2-1-1

2.2 版式设计“线”的编排

1. 线

点移动的轨迹为线。线在编排构成中的形态很复杂，有形态明确的实线、虚线，也有空间的视觉流动线。然而，人们对线的概念，大多仅停留于版面中形态明确的线，对空间的视觉流动线，往往易忽略。实际上，我们在阅读一幅画的过程中，视线是随各元素的运动流程而移动的，对这一流程人人有体会，只是人们不习惯注意自己构筑在视觉心理上的这条既虚又实的“线”，因而容易忽略或视而不见。实质上，这条空间的视觉流动线，对于每一位设计师来讲，都具有相当重要的意义（见图 2-2-1）。

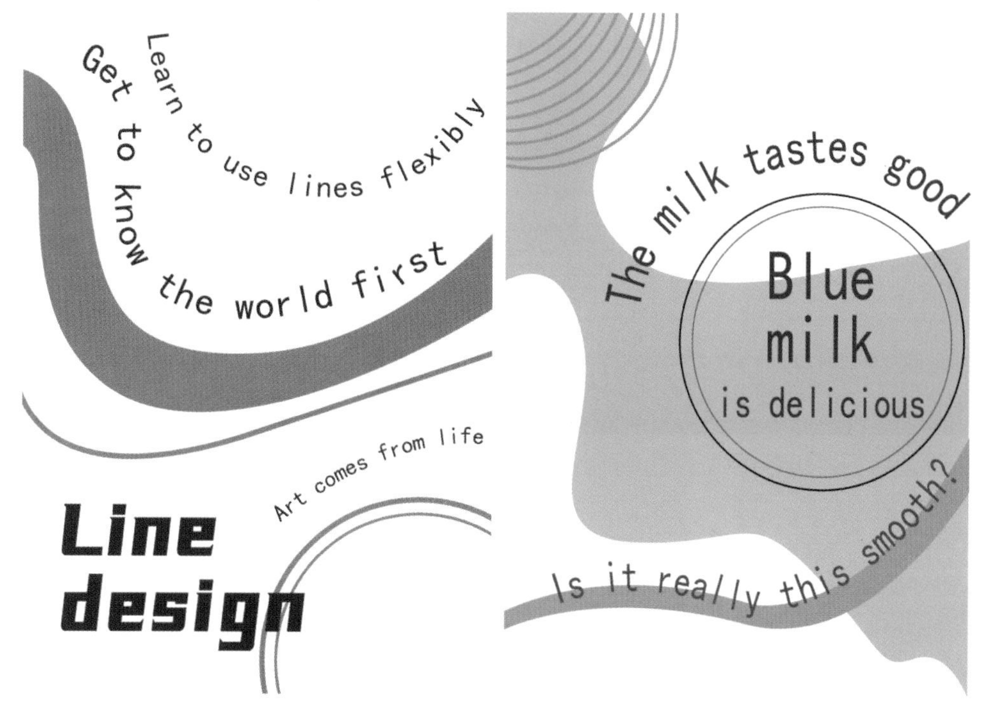

图 2-2-1

2. 线的空间分割

在进行版面分割时，既要考虑各元素彼此间支配的形状，又要注意空间所具有的内在联系，保证良好的视觉秩序感，这就要求被划分的空间有相应的主次关系、照应关系和形式关系，以此来获得整体和谐的视觉空间。

空间等量分割：将多个相同或相似的形态进行空间等量分割，以获得秩序与美。

直线的空间分割可以给图文带来清晰、统一、和谐且具有秩序感的视觉感观。通过不同比例的空间分割，版面产生各空间的比照与节奏感。

在骨格分栏中插入直线进行分割可以使栏目更清晰，更具条理，且有弹性，增强了版面的可视性。

2.3 版式设计“面”的编排

面在平面设计中是点的扩大、线的重复。面的形态除了规则的几何形式外，更多的是不规则的形态。可以说，面的表现形式多种多样。面容易形成整体美感，使空间层次丰富，使单一的空间多样化（见图 2-3-1）。

图 2-3-1

1. 面的形式

⑴ 文字面：单个文字放大，在版面所占比例较大而形成的面；大量细小段落文字以块状出现形成的面。

⑵ 图形面：以线绘制成某一形状，通过填色形成的面；直接使用图片作为背景或者插图形成的面。

⑶ 空白面：版式设计中留出的空白。

2. 面的属性

面体现了充实、厚重、整体、稳定的视觉效果。

几何形的面，表现规则、平稳，具有较为理性的视觉效果。有机自然形的面给人柔和、自然的感觉。

Banshi Sheji yu Yingyong

第 3 章
版式设计的构成法则

3.1 如何选择开本大小

1. 什么是开本?

开本指书刊幅面的规格大小,即一张全开的印刷用纸裁切成多少页。

一般大家口中所说的出版图书的开本是指一本书幅面的大小,是以整张纸裁开的张数作标准来表明书的幅面大小的。把一整张纸切成幅面相等的 16 小页,叫 16 开,切成 32 小页叫 32 开,其余类推(见图 3-1-1 和图 3-1-2)。

图 3-1-1

图 3-1-2

由于整张原纸的规格不同，所以，切成的小页大小也不同。

把 787 mm × 1092 mm 的纸张切成的 16 张小页叫小 16 开，或 16 开。把 850 mm × 1168 mm 的纸张切成的 16 张小页叫大 16 开。其余类推。

常见的有 32 开（多用于一般书籍，见图 3-1-3）、16 开（多用于杂志）、64 开（多用于中小型字典、连环画）。

图 3-1-3

对一本书的正文而言，开数与开本的含义相同，但以其封面和插页用纸的开数来说，因其面积不同，则其含义不同。

通常将单页出版物的大小，称为开张，如报纸、挂图等分为全张、对开、4 开和 8 开等。

今天就来一起了解下开本的尺寸具体有哪些。

书本和中性笔的参照如图 3-1-4 所示。

图 3-1-4

标准正度纸的成品尺寸为 787 mm × 1092 mm。大度纸的成品尺寸为 889 mm × 1194 mm。

成品尺寸 = 纸张尺寸 – 修边尺寸。

常见的开本尺寸如表 3–1–1 所示。

表 3–1–1

单位：mm

开数 / 开本	纸张尺寸		成品尺寸	
	正度	大度	正度	大度
全张纸	781 × 1086	844 × 1162	787 × 1092	889 × 1194
2 开（对开）	530 × 760	581 × 844	540 × 740	570 × 840
3 开	362 × 781	387 × 844		
4 开	390 × 543	422 × 581	370 × 540	420 × 570
6 开	362 × 390	387 × 422		
8 开	271 × 390	290 × 422	260 × 370	285 × 420
16 开	195 × 271		185 × 260	210 × 285
32 开				203 × 140

2. 开本的类型和规格

⑴ 大型本：12 开以上的开本，适用于图表较多、篇幅较大的大部头著作或期刊。

⑵ 中型本：16 开 ~ 32 开的所有开本，此属一般开本，适用范围较广，各类书籍均可应用。

⑶ 小型本：适用于手册、工具书、通俗读物或单篇文献，如 46 开、60 开、50 开、44 开、40 开等。

我们平时所见的图书大多为 16 开以下的，因为只有不超过 16 开的书才能方便读者的阅读。

在实际工作中，由于各印刷厂的技术条件不同，常有略大、略小的现象。

在实践中，同一种开本，由于纸张和印刷装订条件的不同，会设计成的形状不同，如方长开本、正偏开本、横竖开本等。

同样的开本，因纸张的不同所形成的形状不同，有的偏长、有的呈方。

相同开本的图书如图 3–1–5 所示。

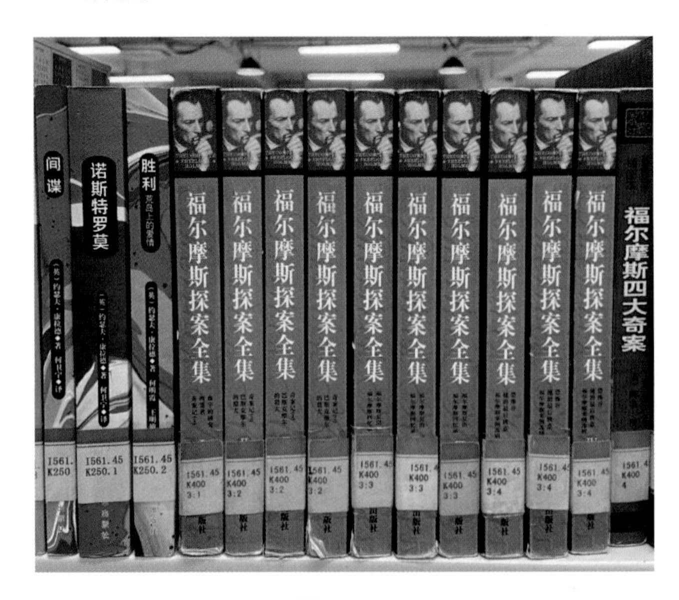

图 3–1–5

3. 不同类型的图书与开本

⑴ 马列著作等政治理论类图书严肃端庄，篇幅较多，一般都放在桌子上阅读，开本较大，常用大 32 开。

⑵ 高等学校教材一般采用大开本，过去多用 16 开，显得太大了，现在多改为大 32 开。

⑶ 文学书籍常为方便读者而使用 32 开。诗集、散文集开本更小，如 42 开、36 开等。

16 开与 32 开的对比如图 3-1-6 所示。

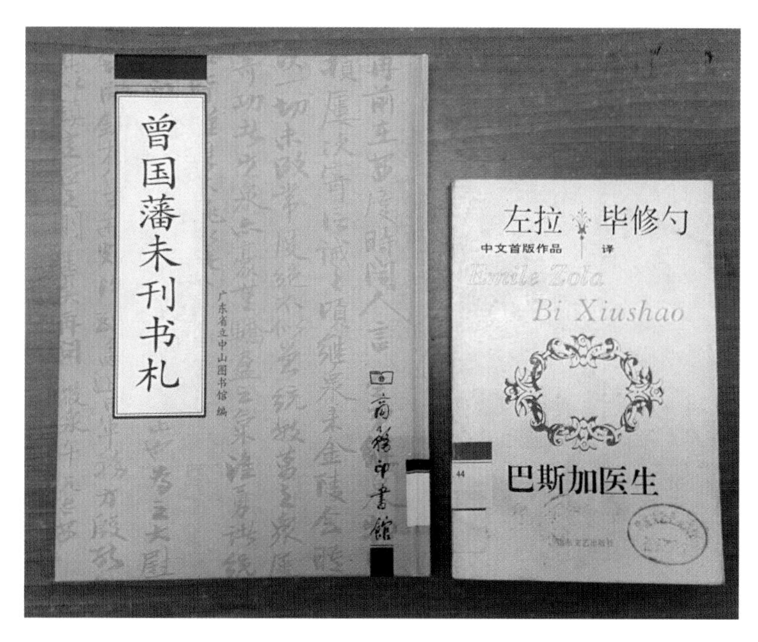

图 3-1-6

⑷工具书中的百科全书、辞海等厚重渊博，一般用大开本，如 16开。小字典、手册之类可用较小开本，如 64开。

⑸ 画册的排印常用近似正方形的开本，常见的有 6 开、12 开、20 开、24 开等，而有部分独特的画作，例如中国画，则要考虑其独特的狭长幅面而采用长方形开本。画册开本的选择不仅需要考虑画作的大小横竖，还要做到充分利用纸张合理排版。

⑹ 篇幅多的图书开本较大，否则页数太多，不易装订。

不同开本的图书如图 3-1-7 所示。

图 3-1-7

4. 开本的基本开切方法

开本的基本开切方法有哪些?

主要有三类:

(1)几何级开切法:即对开式切法,是一种最合理、最正规、应用最广的开法,其纸张利用率高,印刷装订方便。

(2)非几何级开切法:开切不符合几何级数,其优点是可以直线开切,节约纸张,缺点是开出的页数不能全用机器折页。

(3)纵横混合的开切法:不能沿直线开切,对印刷和操作都有不良影响,有剩余边纸,不符合节约原则。

3.2 版面率的调整

版面率指版面中图文面积与版面的面积之比。设计之初的空白页面无任何内容,利用率为 0,为空版。满版是图文占满整个版面,利用率为 100%。从空版到满版的版面率是递增的关系。

1. 低版面率

低版面率具有如下特点:

(1)留白多,信息少,图文所占面积少。

(2)给人安静、稳重、简洁、高雅的感觉。

(3)处理不好易单调乏味。

低版面率的版式设计如图 3-2-1 所示。

图 3-2-1

2. 高版面率

高版面率具有如下特点：

⑴留白少，信息多，图文所占面积大。

⑵给人活泼、亲和、热闹、大众的感觉。

⑶处理不好有拥挤和无序的问题。

高版面率的版式设计如图3-2-2所示。

图3-2-2

3. 版面率的作用

即使同样的内容，采用不同的版面率也会出现不同的效果。因此，应该根据内容多少和想要倾诉的情感来调控版面率。

4. 如何调节版面率

调节版面率常用的方法有：增加或减少版面空白；改变图像面积；改变底色，丰富版面。

印刷媒体需要考虑裁剪的问题，页面的四边常留有一定空白。页面四周的留白面积越大，中间版心就越小，版面率就越低。页面四周的留白面积越小，中间版心就越大，版面率就越高。用好页面的四边，对于版式设计是重要的。在书籍报刊的常见编排中，四边空白中有一些微量元素，如栏目名称、页码等，有点、线的效果（见图3-2-3）。

以图为主的满版编排，取消了页边空白，只是四边的图片信息不那么重要（见图3-2-4）。也有为了突出的需要，用异色将图片强调出来，起到边框的作用。现代版式设计考虑版面的统一效果，版心与四边并不是截然分割，会有一些线条，或者线条状的色块，将二者联系起来。

揭秘香港规格最高的影城
——K11 Art House

图 3-2-3

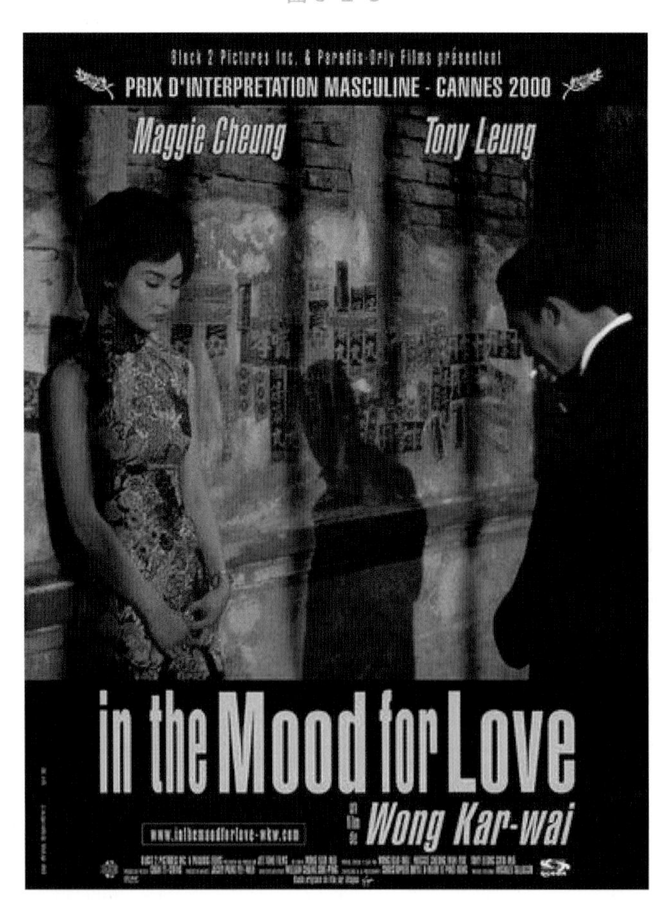

图 3-2-4

版面的空白当然并不都在四边，当大面积采用留白时，能营造出缥缈、高雅的氛围，激发观者的好奇心，使观者产生无限的想象，发挥虚实美和意境美的作用（见图 3-2-5）。

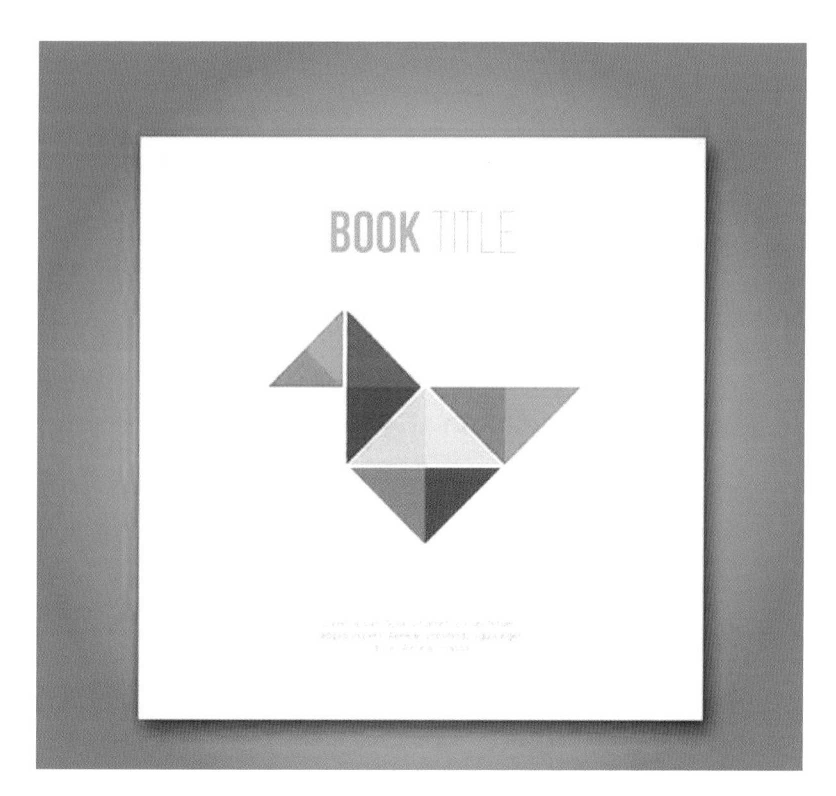

图 3-2-5

跨页编排的空白一般仍然在版面的四周，但会和图文内容相结合，如左边不留白右边留白，上下不留白左右留白，三个角落不留白一个角落留白等。留白部分的轮廓会综合处理，采用穿插、叠压、轻重、虚实等方式，让不同区域的内容产生关联，形成你中有我、我中有你、相互穿插、相互呼应的局面（见图 3-2-6）。

图 3-2-6

3.3 构图样式

在版面设计中，构图与色彩同样拥有举足轻重的作用。构图最大的宗旨就是吸引受众，让你的设计具有思想、故事、逻辑并合理地组织画面元素。构图需要根据画面元素的主次及层级来引导受众，精确地传达信息，并达到设计想要的目的和表达的内容。今天就深入浅出、融会贯通地给大家分享下 19 种比较实用的构图方法，让大家在设计构图中更加有章可循、得心应手。

1. 平衡式构图

平衡式构图，给人以宁静、平稳的感觉，多用于端庄、严肃、严谨、安详的主题。平面中的平衡，一般是重量或数量的平衡。大家都知道，颜色是有重量的，比如高饱和度或低明度的色彩，要比低饱和度和高明度的色彩重，黑色要比白色重。下面来看几张图。

图 3-3-1ⓐ 所示是上下式构图，将画面一分为二，且色彩明亮度与元素达到均衡。从某种程度上而言，图 3-3-1ⓑ 也是一种平衡式构图，左右平衡，左边虽然颜色重量看着轻，但是在数量以及面积上和右边达成了一种平衡。

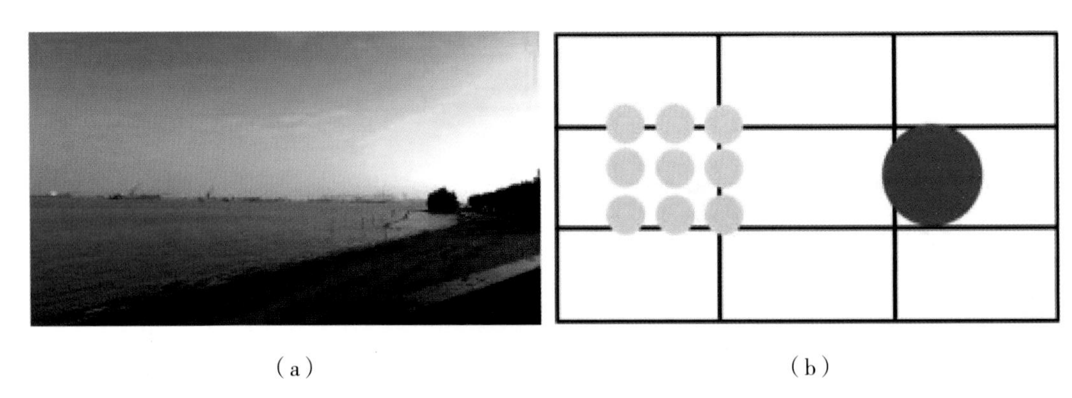

（a）　　　　（b）

图 3-3-1

2. 对称式构图

对称式构图，也是平衡式构图的一种。对称式构图是平衡式构图的充分条件，平衡式构图是对称式的非必要条件。讲通俗点就是，对称式构图应是平衡式构图，而平衡式构图不一定是对称式构图。对称式构图常用于建筑及表现对称的物体或元素中(见图 3-3-2)，正如名字一样，它具有平衡、稳定、相对的特点，同时这样的特性也使它缺乏活力，显得比较呆板。对称式构图在中国传统建筑中应用比较广。

3. 变化式构图

变化式构图是将产品或主体元素安排在某一边或制造残缺，其独有的特性能引发人的思考，使人自发地想象和思考，进一步判断和脑补画面。变化式构图富有韵味和情趣(见图 3-3-3)。

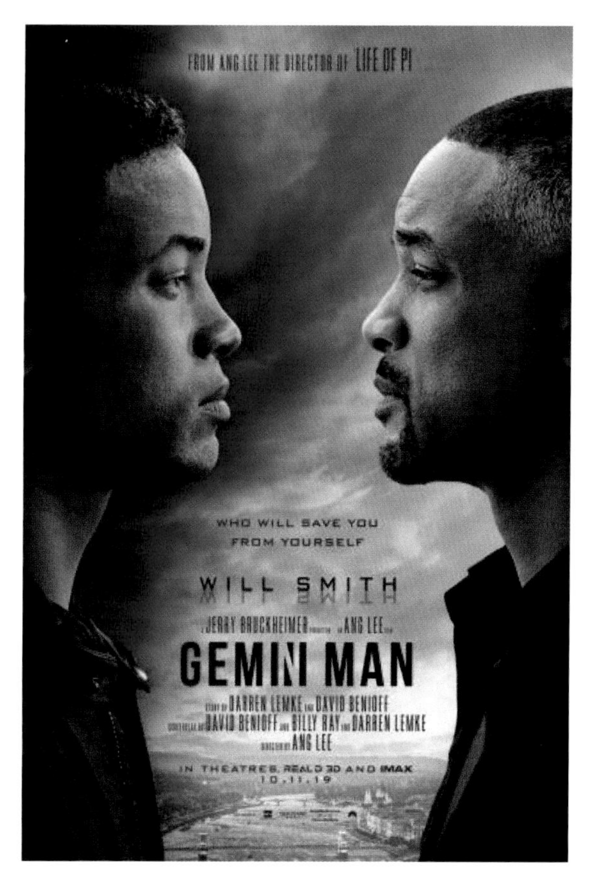
FROM ANG LEE THE DIRECTOR OF LIFE OF PI
WHO WILL SAVE YOU
FROM YOURSELF
WILL SMITH
JERRY BRUCKHEIMER
ANG LEE
GEMINI MAN
DARREN LEMKE DAVID BENIOFF
DAVID BENIOFF BILLY RAY DARREN LEMKE
ANG LEE
IN THEATRES, REALD 3D AND IMAX
10.11.19

图 3-3-2

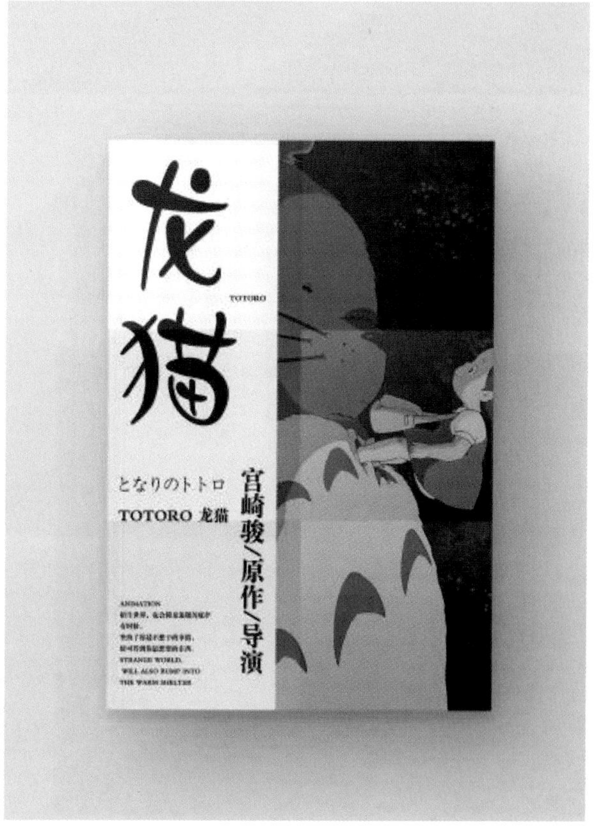
龙
猫
TOTORO
となりのトトロ
TOTORO 龙猫
宫崎骏／原作／导演

图 3-3-3

4. 交叉线构图

画面元素呈线性交叉布局形式，交叉点往往是视觉的焦点和画面的主体或主题。交叉线构图具有视觉导向、活泼轻松、聚焦注意力等特点（见图 3–3–4）。

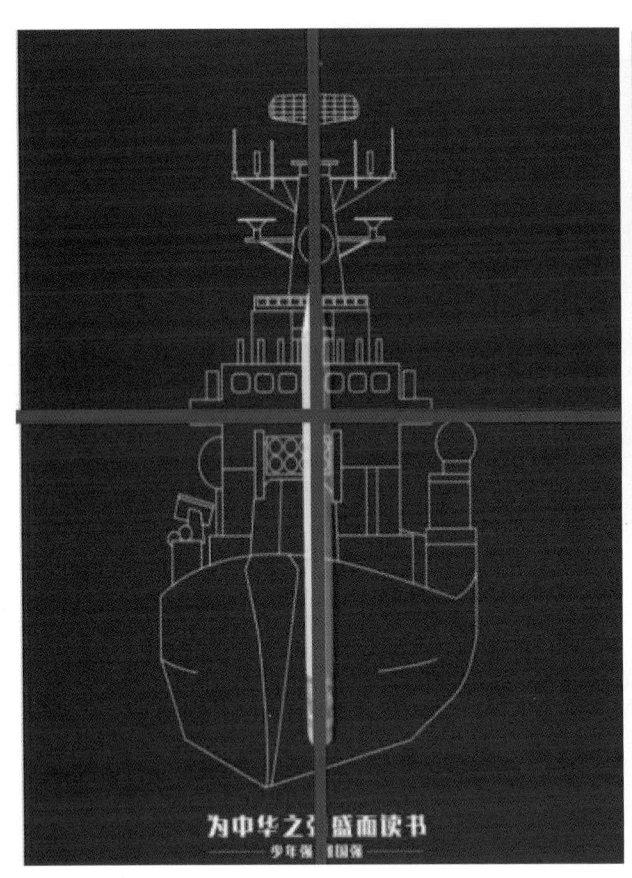
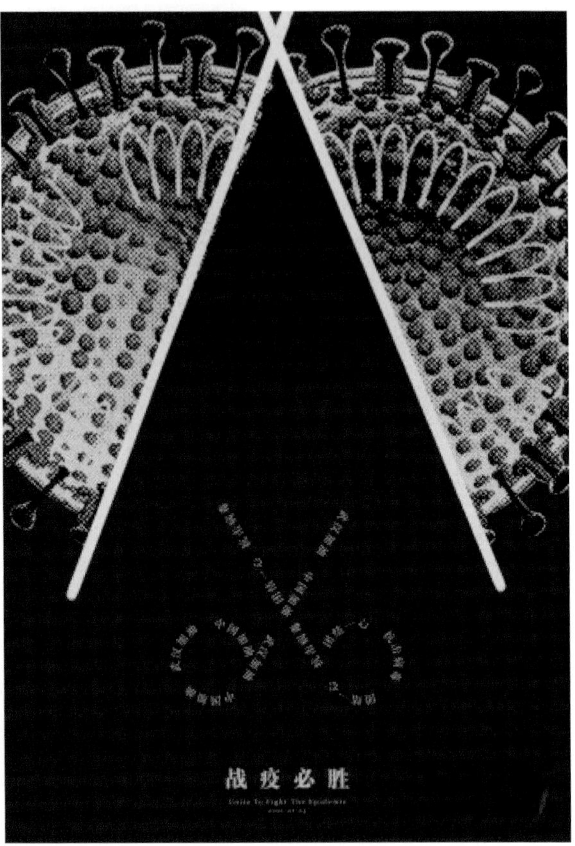

图 3–3–4

5. 椭圆形构图

椭圆形构图可以形成强烈的整体氛围感，并能产生旋转、收缩、运动等视觉效果，常用于促销海报等没有特别强调的主题和注重渲染整体氛围的作品（见图 3–3–5）。

图 3–3–5

6. X 形构图

线条、画面元素、影调按照 X 形布局，透视感强，有利于把人们的视线由四周引向中心，或使画面具有从中心向四周逐渐放大的特点，一般活动海报、促销海报等表达热情、外向的海报用得比较多(见图 3-3-6)。

图 3-3-6

7. 紧凑式构图

紧凑式构图一般是画面元素出画比较多，或者画面元素铺满了整个版面，给人一种触手可及的近距离感，是一种走进观者内心的构图方法(见图 3-3-7)。

图 3-3-7

8. 小品式构图

小品式构图没有固定的章法，充满想象，别出心裁，通过放大生活细节，来引发人的思考，达到强调和视觉冲击的目的，从而使画面变得生动有趣，加深受众对画面的记忆（见图 3-3-8）。

图 3-3-8

9. 九宫格式构图

九宫格式构图是指将画面主体或重要元素放在九宫格交叉点的位置上。“井”字的四个交叉点就是主体的最佳位置。一般认为，右上方的交叉点最为理想，其次为右下方的交叉点，但这也不是一成不变的。这种构图格式较为符合人们的视觉习惯，使主体自然成为视觉的中心，具有突出主体，并使画面趋向均衡的特点（见图 3-3-9）。

图 3-3-9

续图 3-3-9

10. 水平线构图

水平线构图具有稳定、舒适的特点，常常使得画面的背景具有场景感、纵深感，表达出空间的概念（见图 3-3-10）。

图 3-3-10

11. 垂直式构图

垂直式构图一般是更改常规视线（比如正面平视）的方向，或左右侧视，或俯视、仰视，以加强视觉冲击，加深受众观感印象，使得画面更加活泼有趣，引导或者改变观者视觉倾向（见图 3-3-11）。

图 3-3-11

12. 斜线式构图

斜线式构图常出现在运动、流动、倾斜、动感等画面渲染的海报设计中(见图 3-3-12)。

图 3-3-12

13. 三角形构图

三角形构图分为正三角形和倒三角形两种形式，其中正三角形具备三角形的稳定感，而倒三角形侧表现出不稳定感和动感。通常，三角形部分是视觉的焦点。三角形构图在电商设计中运用得比较广泛（见图 3-3-13）。

图 3-3-13

14. 十字形构图

十字形构图就是把画面分成四份，将画面上的元素或色彩的变化放在画面中心。画横竖两条线，中心交叉点是安放主体的位置。此种构图，使画面增加安全感、和平感和庄重及神秘感，但同时也存在着呆板、有过多的剩余空间等不利因素（见图 3-3-14）。

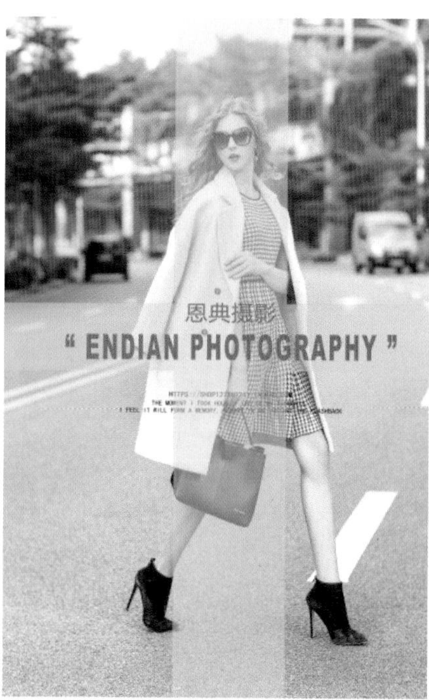

图 3-3-14

15. S 形构图

S 形构图是画面元素呈 S 形曲线排列的构图形式，具有延长、变化的特点，看上去有韵律感，使人产生优美、雅致、协调的感觉。当需要采用曲线形式表现设计画面时，应首先想到使用 S 形构图。S 形构图常出现在柔美、女性及飘逸感等类型的海报中（见图 3-3-15）。

图 3-3-15

16. L 形构图

L 形构图用类似于 L 形的线条、色块等元素将需要强调的主体围绕起来，起到突出主体的作用。L 形如同半个围框，可以是正 L 形，也可以是倒 L 形，均能把人的注意力集中到围框之内，使主体突出、主题明确。L 形构图是常用于打破常规视觉的一种构图方式（见图 3-3-16）。

图 3-3-16

续图 3-3-16

17. 向心式构图

向心式构图是主体处于中心位置，而四周元素朝中心集中的构图形式，能将人的视线有效地引向中心主体，并起到聚集的作用。向心式构图的优点非常明确——突出主体可以让观者一眼就看到，但有时也会造成压迫感。向心式构图多用于热闹、渲染氛围、强调中心、发散视角的画面设计中（见图 3-3-17）。

图 3-3-17

18. 放射式构图

放射式构图与向心式构图比较相似，只是它们的主次顺序不同。向心式的视觉顺序是先四周元素然后落脚于视觉焦点处，也就是视觉的终点是向心的点。而放射式是由点发散至四周，中心是先入为主的视觉焦点，然后由其发散至四周。四周的元素，大多仅为辅助元素或点缀画面用（见图 3-3-18）。

图 3-3-18

19. 对角线构图

把主体安排在对角线上，能有效利用画面对角线的长度，同时也能使陪体与主体发生直接关系。对角线构图富于动感，显得活泼，易于产生线条的汇聚趋势，吸引人的视线，达到突出主题的效果（见图 3-3-19）。

图 3-3-19

Banshi Sheji yu Yingyong

第 4 章

文字的组合编排

4.1 选择与主题风格相符的字体

字库中字体繁多，不好抉择，对于设计的新手来说，选择字体实在有点难度，要挑选与自己作品风格相符的字体，需要了解作品风格和字体的特征，两者相统一才能凸显主题，相反则会出现不协调性。以下为各种字体风格。

1. 科技、科幻风格

字形特点：科幻风格的字体普遍比较硬朗和锐利，有立体感和质感，通常有过渡比较直接的折角，富于力度，给人以简洁爽朗的现代感（见图 4-1-1）。

应用范围：常出现在科技类海报和一些科幻电影的海报中。比如《机器纪元》《X 战警》的海报上的字体就属于这种类型。

图 4-1-1

2. 高端风格

字形特点：分粗体和细体两种。

粗体：笔画结尾较尖，字体结尾有折角。常搭配黄色、苔绿色等怀旧的颜色。

细体：横平竖直。

应用范围：化妆品广告、豪华汽车广告、手表广告、奢侈品广告（见图 4-1-2）。

图 4-1-2

3. 现代风格

字形特点：造型规整，富于力度，这类风格使用的字体较简约，如黑体。较少使用装饰性的元素。

应用范围：潮流服装、房地产海报等（见图 4-1-3）。

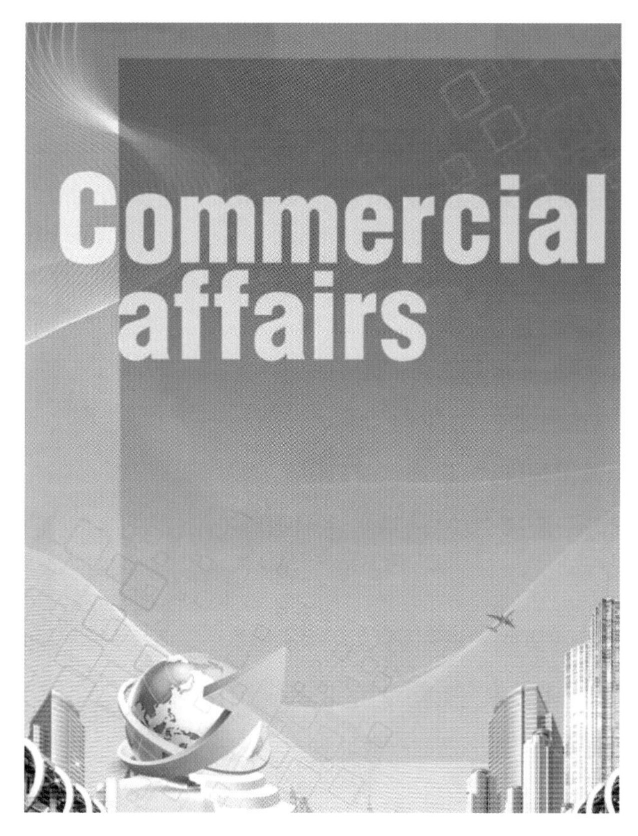

图 4-1-3

4. 动感风格

字形特点：这类文字笔画长短不一、硬朗、个性张扬、笔画结尾带折角。字体倾斜，或笔画上紧下松，或右紧左松，是不对称的字形，给人制造强烈的紧张感和视觉冲击力。

应用范围：轻运动品牌、越野活动、跑酷、歌唱、街舞等（见图 4-1-4）。

图 4-1-4

5. 浪漫风格

字形特点：字体纤细、秀美，线条圆滑流畅，并配合发光字体和粗细不一的笔画，有非常强烈的节奏韵律感。

应用范围：适合表现浪漫、温馨的主题（见图 4-1-5）。

6. 女性化风格

字形特点：分为细体和粗体。

细体：字体秀美、纤细，线条流畅，字形有韵律，通常在字体上添加装饰性元素。

粗体：女性体也可以硬朗，或者粗细不一，或有力道、有衬线。 通常有过渡比较直接的折角。

对比：细体更传统、优雅；粗体更有现代、高冷、个性、独立的感觉。

应用范围：适用于饰品、化妆品、服装、女性日常生活用品等主题（见图 4-1-6）。

7. 可爱风格

字形特点：使用文字与版面中的某些元素进行创意性的结合，文字色彩饱和度高、视觉冲击力强。通常选用比较圆滑、亲和力较强的手写体、卡通字体、圆体、动漫体，不适合硬朗字形以及笔画规矩的字体。

应用范围：一般适用于婴儿、儿童、青少年、孕妇或气氛活跃、温馨的活动等，以及冰激凌、奶油等快消品（见图 4-1-7）。

图 4-1-5

图 4-1-6

图 4-1-7

8. 文化风格

⑴ 英文复古：

字形特点：衬线字体，字母的转角处线条柔和，更加流畅，字体细长（见图 4-1-8）。

应用范围：咖啡奶茶行业、西餐厅、音乐会海报等。

⑵ 中国风：

字形特点：使用了书法体、墨迹字体，这种东方文化中特有的东西，以及宋体、楷体等衬线字体。

应用范围：餐饮行业、首饰、茶叶、补品、美食、节日促销、文化活动、电影、书籍等（见图 4-1-9）。

图 4-1-8

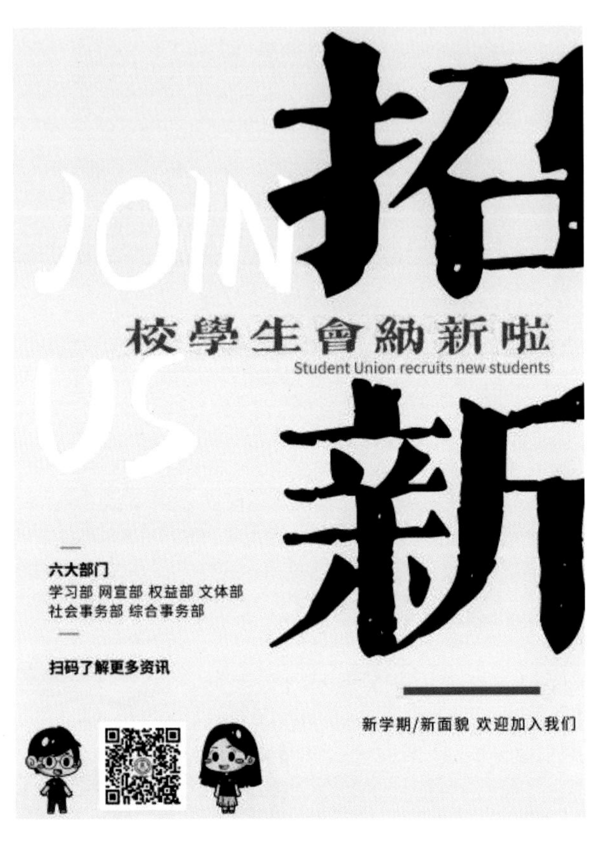

图 4-1-9

4.2 文字的编排方式

在平面的版式设计中，文字的排列效果决定了阅读效率，常见的文字排列有以下 5 种方式。

1. 左端对齐式

左端对齐式是指文字内容在页面的左边对齐的排列方式，右边则自由张弛，符合阅读的习惯。

例如图 4-2-1 所示的招聘海报的设计，文字的排列就是左端对齐的方式。

2. 右端对齐式

右端对齐式是指文字内容在页面的右边对齐的排列方式，左边自由张弛。右端对齐在版面设计中的运用要比左端对齐少，但合理使用可以使版面具有新颖的视觉效果。

例如图 4-2-2 所示的招贴设计中文字采用右端对齐的方式。

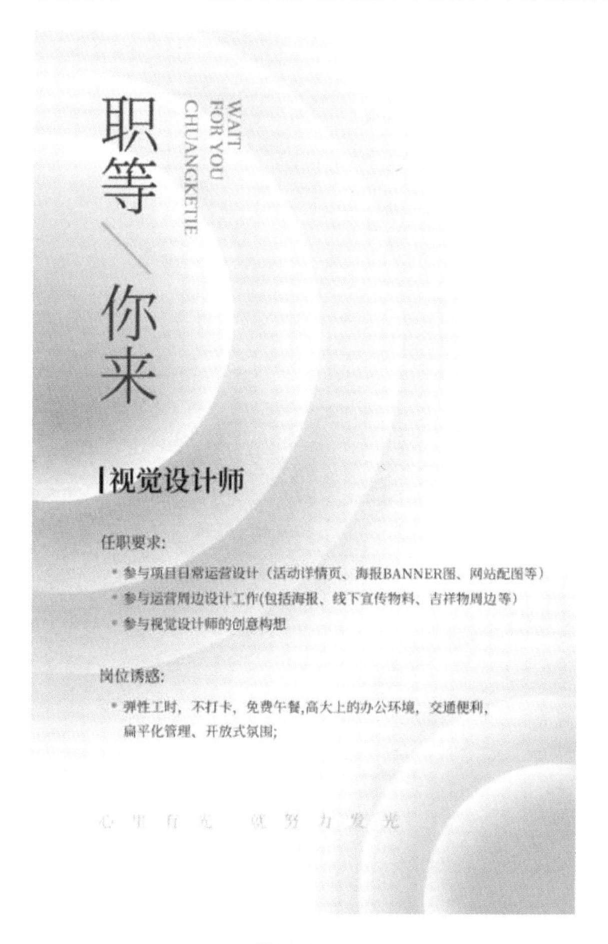

图 4-2-1

图 4-2-2

3. 居中对齐式

居中对齐式是指以版面中轴线为中心，其主要特点是使视线更集中，对称性加强。

例如图 4-2-3 所示的冬至宣传海报，文字排列采用了居中式。

4. 左右对齐式

左右对齐式是指文字从左端到右端的长度统一，使文字显得端正、严谨、美观。在常见的网格版式设计中左右对齐式使用较多。

例如图 4-2-4 所示，矩形块面文字排版方式就是左右对齐式。

5. 倾斜式

倾斜式是指将文字整体或局部倾斜排列，形成非对称的版面构图，运用这样的排列方式可以形成动感和方向感较强的版式效果。

例如图 4-2-5 所示，文字排版就是倾斜式。

图 4-2-3

公司简介
Company Profile

深圳市某某某品牌策划有限公司专注于“为企业量身打造品牌形象”，追求“设计改变一切”，创始至今，已历经多年风雨征程。设计师一直致力于创造优质的作品和提供热忱的服务，凭借专业、诚信、创新的管理理念和设计水准，深受新老客户的好评。全方位、多角度、勇开拓，我们在追求创新的道路上积极探索，一如既往地为客户提供高效的设计和完善的服务。坚持“以人为本，创新设计，诚信经营，创知名品牌”的公司宗旨，力求作品卓越完美，服务优质热忱，达成与客户长久而稳定的合作关系，并成为其信赖和首选的品牌，最终实现互惠互利的双赢局面。

cooperated with the world famous international company-GPC, is reputed as one of first-class Ideas Creation company.Applying with the advanced idea and quality management and combined the Chinese culture with the international trend fusion
企业文化
Corporate Culture

立志协助客户，打造领军品牌。未来一定会涌现出一批中国的领军品牌屹立于世界，这其中必有我们的智慧和汗水。
idea
同时，将我们自己也打造为领军品牌，我们经过 15 年的努力，不断创新，突破了传统的广告公司、营销公司的理论和方法，用我们新型的系统方法，帮助了我们的客户，成功打造出了诸多细分领域的领军品牌，从而获得客户的尊重和选择。

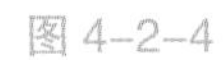

图 4-2-4

图 4-2-5

4.3 文字与图片的编排

4.3.1 一张图片通栏平铺

1. 空白处排布文字

画面中只有一张图片时，可以在图片“空白处”排布文字。这里的空白处只是版面中比较干净、没有图案干扰的区域，如图 4-3-1 所示。

图 4-3-1

2. 正片叠底配文字

在图片上方添加一个纯色图层，降低透明度，类似正片叠底的样式罩在图片上方。也就是一个半透明的色块，来降低背景对文字信息的干扰（见图 4-3-2、图 4-3-3）。

图 4-3-2

图 4-3-3

3. 色块配文字

色块可以是矩形，也可以是圆形、不规则图形（见图 4-3-4）。

图 4-3-4

4.3.2 一张图片在一侧

（1）图片在左侧或右侧，另一侧色块可以是圆形、三角形或其他形状（见图 4-3-5）。

图 4-3-5

⑵ 图片在上侧或下侧，另一侧色块可以是矩形，也可以是圆形、三角形或其他形状(见图 4-3-6)。

⑶ 两侧分布：图片中间被色块裁剪，剩余图片在两边分布，然后在中间铺设文字。

图 4-3-6

4.3.3 两到三张图片排版法

(1) 大小一致，两边对齐排版，如图 4-3-7 所示。

图 4-3-7

(2) 大小一致，不对齐排版，如图 4-3-8 所示。

图 4-3-8

⑶一大一小，对齐排版，如图 4-3-9 所示。

图 4-3-9

4.3.4 多张图片排版法

⑴大小一致，对齐排版，如图 4-3-10 所示。

图 4-3-10

⑵ 大小一致,但不对齐的排版,如图 4-3-11 所示。

图 4-3-11

⑶ 大小不一致,但对齐的排版,如图 4-3-12 所示。

图 4-3-12

⑷ 大小不一致,且不对齐的排版,如图 4-3-13 所示。

25 YEARS OF BREAKING NEWS
WE ARE ALL CONNECTED
WILL SMITH
EDWARD NORTON
KEIRA KNIGHTLEY
MICHAEL PEÑA
NAOMIE HARRIS
JACOB LATIMORE
KATE WINSLET
HELEN MIRREN
COLLATERAL
BEAUTY
DECEMBER16

图 4-3-13

第 5 章

色彩在版式设计中的应用

色彩给人视觉上造成的冲击力是最为直接与迅速的。作为第一视觉语言，色彩在版式设计中的作用是字体与图像等其他要素所无法替代的。由于对色彩的感知是人类一种最本能、最普遍的美感，它对观看者的影响便是最为直接的。在版式设计中我们应该有相应的策略，以确保色彩在版式设计应用中的合理，从而实现运用色彩的初衷。

在版式设计中如何正确地运用色彩？

1. 确定版面的主色调

没有主色调等同于文学家塑造人物的公式化、概念化，而没有个性化，因此，我们应该注意色彩的运用，注意色系和色调的搭配，不能盲目地乱用颜色。在色彩运用上，要顾及整体，不能各部分自成一体，使版面失去整体的美感和艺术感（见图 5-1-1）。

2. 用极简色彩表现主题

正确地运用色彩会达到事半功倍的效果。如：心理学研究认为，在设计食品海报时宜用橙色、橘红色，这样的暖色调可以让人联想到成熟、丰收等，从而激发人们的食欲并促进购买行动（见图 5-1-2）。色彩视觉是物质作用于人的视觉器官而产生的一种生理反应，这种反应产生了相应的心理反应。现代简约风格的海报设计中色彩具有注目性，所以设计师可以利用色彩元素来引导公众的视觉，让欣赏者随着设计师的想法思维去思考和观看作品。

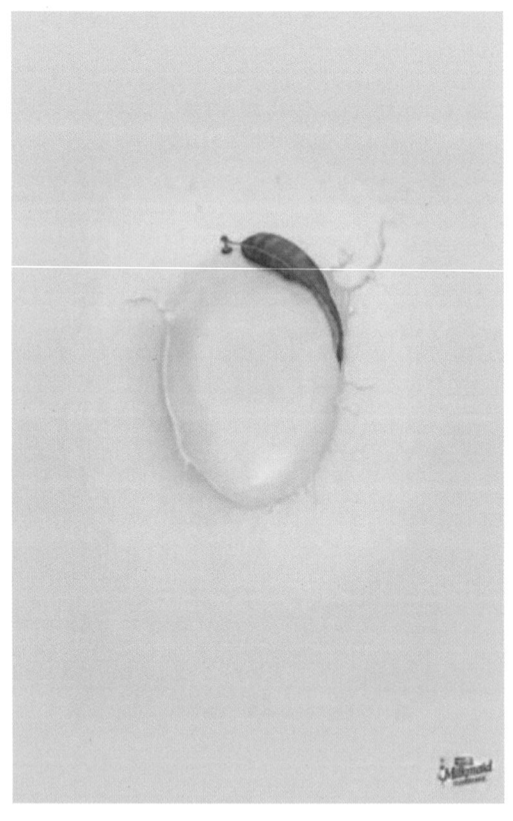

图 5-1-1

图 5-1-2

3. 在用色上把握住一个“度”

设计要使色彩既能吸引受众眼球，又不会影响传递内容的价值。用色要恰到好处，既不能“过”，也不能“不及”。“度”的把握是色彩运用的一个重要原则，因此应注意把握用色的“度”。

4. 让色彩说话,用色彩传情

色彩是一种非常重要的表达方式,它可以传递情感,传达信息,甚至影响人们的心情和行为。色彩搭配是一项艺术,通过合理的搭配,可以创造出不同的情感和氛围。在生活中,我们经常使用色彩来表达自己的情感,比如用红色来表达热情,用蓝色来表达冷静,用黄色来表达愉悦,等等。

5. 注意用色彩体现强势

色彩作为版式设计的工具,其长处是能直观地传播视觉信息—— 通过色彩变换关系,较好地处理版面全局与局部、局部与局部的关系,让受众能轻易地被它吸引,形成版面强势。

6. 重视运用色彩的节奏感

在版式设计中应学会通过色彩有规律的渐变来形成一种流动感,给人以美的愉悦和流动的质感。另外,通过色彩明度、纯度的强弱对比,可以明确视觉层次,引导读者的视线,让读者在不知不觉中按设计师的意图浏览版面内容,以视线的流动形成版面的层次美。

Banshi Sheji yu Yingyong

第 6 章

名片版式设计

6.1 版式设计在名片中的应用

6.1.1 名片风格

⑴ 极简风格：这种风格尊崇“少就是多”，即名片中只有文字、标志等信息，无其他装饰，但编排要独特、别致、素雅，色调要沉稳。给人的感觉是儒雅、清秀、醒目、提神（见图6-1-1）。

Yan Su

yansu@gamil.com

+86 189 0000 0000

DESIGNER

图 6-1-1

⑵ 商务风格：颜色较重（见图6-1-2）。

图 6-1-2

⑶ 清新风格：大多以花、草点缀边缘（见图6-1-3）。

图 6-1-3

⑷ 古典风格：山水、图纹（见图 6-1-4）。

图 6-1-4

⑸ 可爱风格（见图 6-1-5）。

图 6-1-5

6.1.2 名片常见尺寸

名片常见尺寸有 90 mm × 54 mm（方角）、90 mm × 50 mm、90 mm × 45 mm、85 mm × 54 mm（圆角）。设计稿内需加上出血线，上下左右在原有尺寸规格上分别加 3 mm 出血。

具体尺寸以甲方要求为准，印刷时需要将颜色模式改为 CMYK(CMYK 比 RGB 偏灰，不是那么鲜艳)，分辨率至少为 300，一般为 350。

名片包含正反面设计，主要信息要集中在正面，要直观、明确，有主次关系，背面尽量不要有过多内容，要简洁。

6.1.3 名片排版原则

⑴ 亲密性——将相关项组织在一起。在一个页面上，位置接近就意味着存在关联，因此相关的项应当靠近，组织在一起。

⑵ 对齐性——每个元素都应当与页面上的另一个元素有某种视觉联系。

⑶ 重复性——让视觉要素在整个作品中重复，能够实现整体风格的统一，包括统一颜色方案、字体字号、文本行距、对齐方式、图片风格，或者一种特别的字体。

⑷ 对比性——如果页面上的元素不相同，那就干脆让它们截然不同，以吸引读者眼球。

6.2 名片版式设计案例

在版式设计中，我们经常会看到很多通过标志或图形的空间关系来进行排版的文字及元素，这样能够使整个版面更加透气且具有新意(见图 6-2-1)。

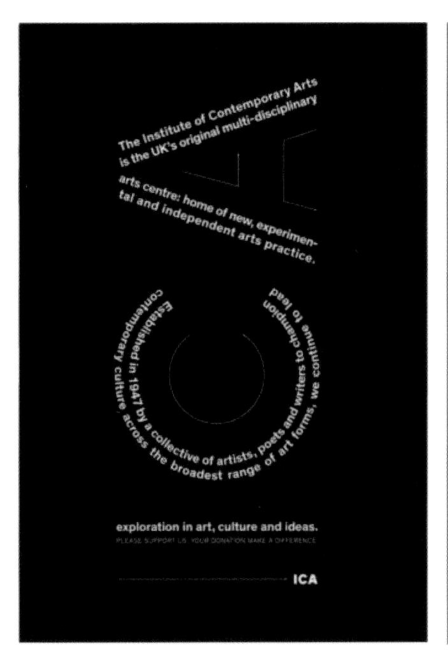

图 6-2-1

接下来我们用 Adobe Illustrator 软件制作一张印刷公司的名片，通过案例来告诉大家如何从标志的空间关系入手去设计一张印刷公司的名片（见图 6–2–2）。

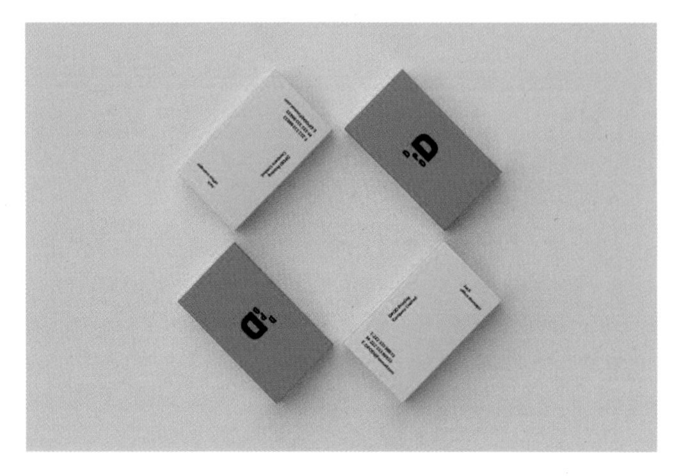

图 6–2–2

（1）准备一个 A4 大小的深色画板，在【工具栏】中选择【矩形工具】，单击鼠标左键，建立一个 54 mm × 90 mm 的名片框（见图 6–2–3），单击【确定】，给它填充一个白色。

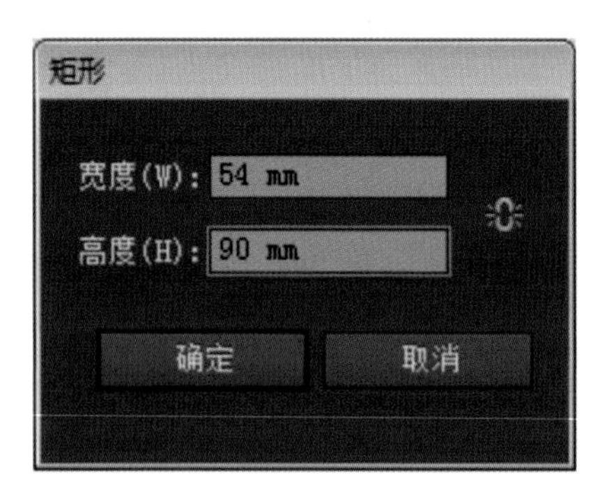

图 6–2–3

打开准备好的文字信息，选中所有文字，按【Ctrl+C】进行复制。选择文字工具，按【Ctrl+V】将信息粘贴在画板上。然后把 LOGO 移动到画板上，调整一下它的大小，放置在一边，方便接下来的设计（见图 6–2–4）。

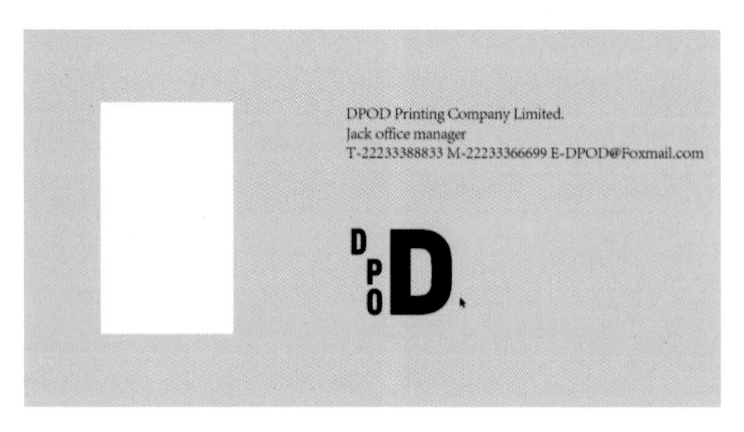

图 6–2–4

单击鼠标左键选中文字，选择一个合适的字体。在案例中，为了符合印刷行业的特点，选择的是一个比较稳重利落的字体。选中所有文字，在【控制栏】中调整字号大小为【8 pt】（见图 6–2–5）。

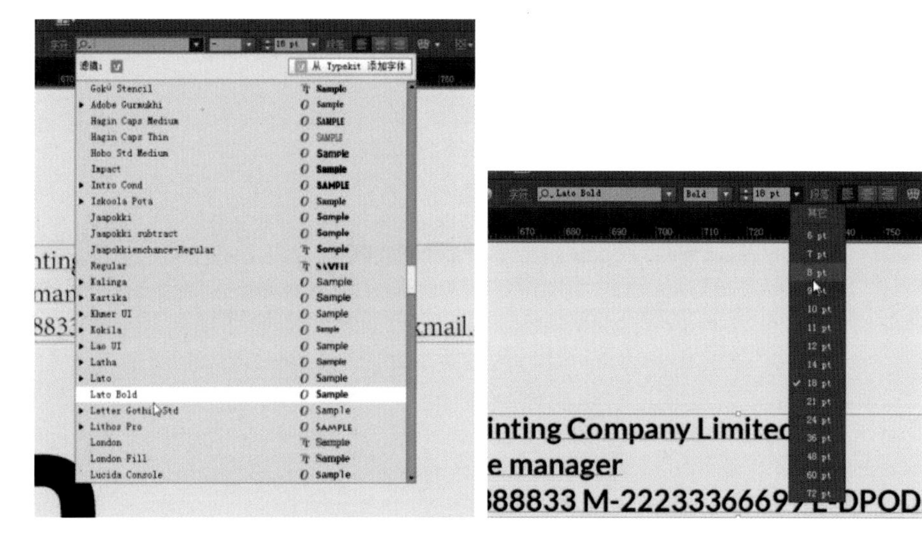

图 6-2-5

选中文字，在【菜单栏】中找到【对象】，单击【拼合透明度】。

在【拼合透明度】面板，取消勾选所有的复选框（见图 6-2-6），单击【确定】。

图 6-2-6

然后单击鼠标右键选择【取消编组】，快速地把这些信息拆分成一段段可编辑的文字。

② 对文字信息进行处理，厘清它们的层级关系。在这段文字中，先是公司名称，然后是姓名、职称，接下来是联系方式。

我们来观察一下这个标志，可以看到左边的这些元素的排列，和右边形成了一个错落有致的空间关系，在文字的排版设计中，我们可以根据标志的这种空间关系来进行排版。

把文字拖入名片内，根据标志的空间关系快速进行排版。将较长的信息断行，文字可以有横有竖，营造空间感。选中下方的两段文字，在【控制栏】中单击【水平左对齐】将文字对齐，这样名片的正面就设计完成了（见图 6–2–7）。

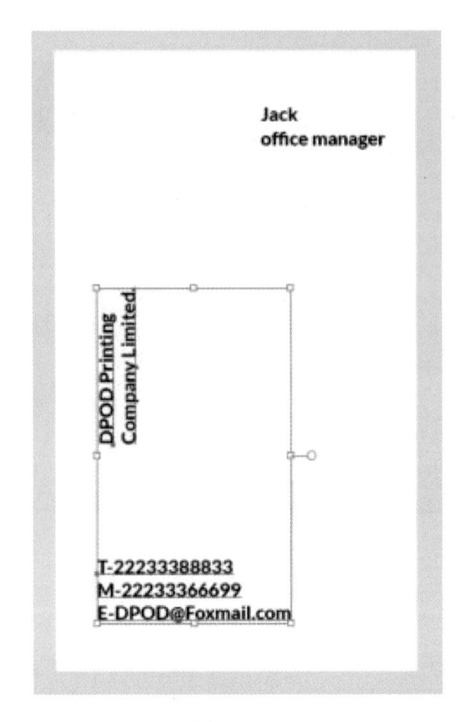

图 6–2–7

我们可以看到，名片正面左上角的空白部分，其实对应的就是标志中间的空白，而右侧的大面积空白，则对应的是标志左下角的空白，而文字的排布关系，其实刚好就是标志中小字 D、P、O 的空间关系（见图 6–2–8）。

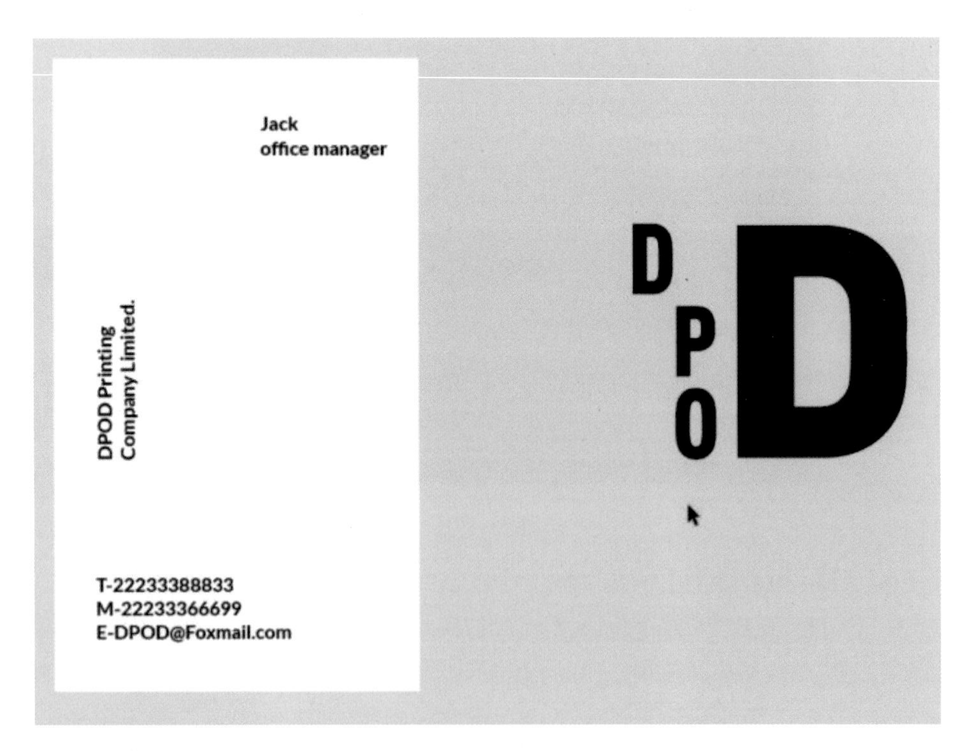

图 6–2–8

⑶ 对名片的背面进行设计。选中名片框，按住【Alt】键和【Shift】键，水平复制一个相同的名片框，移动到

旁边。选中 LOGO，单击鼠标右键，选择【排列】—【置于顶层】。这里采用的是居中的版式，选中标志和名片框，单击【水平居中对齐】，再单击【垂直居中对齐】，再调整一下标志的大小（见图 6-2-9）。

图 6-2-9

⑷ 把两张名片放在一起，可以看到它们的底色都是白色，作为一个印刷公司的名片来说，显得有些太单调了，而且正反两面也缺少对比，这个时候我们可以给它加个底色。在颜色的选择上面，我们可以运用对比色或互补色来形成对比。无论在绘画还是摄影中，只要在其中加入对比色或互补色对比，就会产生非常吸睛的画面效果。选中名片框，给它填充一个准确的 CMYK 颜色数值，在这里选择的是蓝色和黄色这一对对比色（见图 6-2-10）。

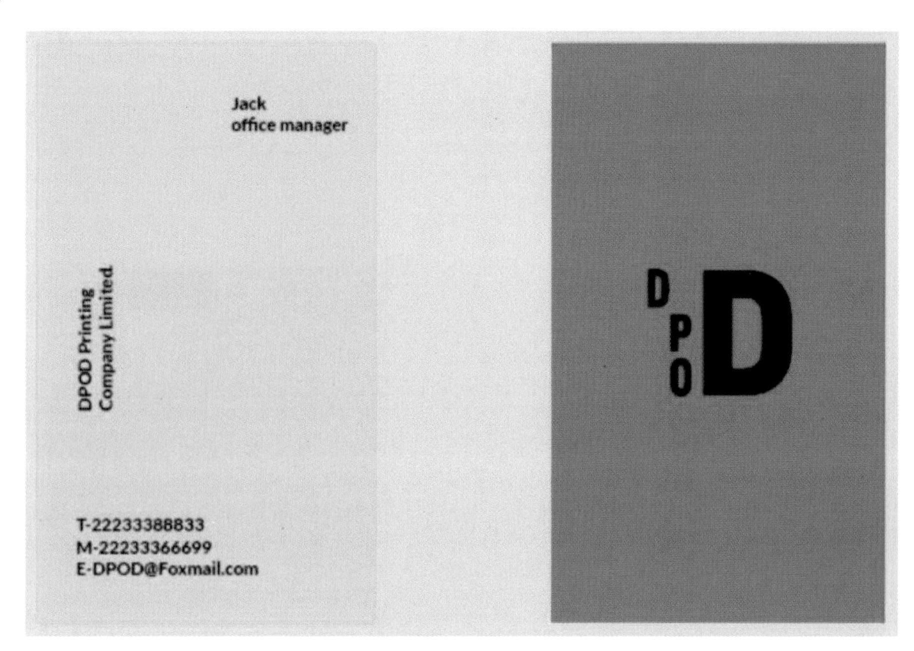

图 6-2-10

这样，一张从标志的空间关系入手设计的印刷公司名片，就绘制完成啦。

第 7 章

招贴版式设计

7.1 版式设计在招贴中的应用

7.1.1 招贴设计的原则

1. 招贴设计的空间布局

招贴设计的留白是利用空间的分离(这类似于国画里面的"留白"),把招贴设计的空间分成若干区域,将招贴设计的各个区域分别赋予有和无、轻和重、虚和实的对比,通过招贴设计这些空间的组合使招贴设计画面张力突出。

2. 招贴设计的符号化

符号的特征就是简单、易识,符号一直是招贴设计表现的主体。招贴设计中的符号可直接传达信息,不曲折、不晦涩,而且招贴设计的符号语言无声有力,形有尽而意无穷。招贴设计的符号是复杂语言的提炼,是便捷生活的象征。在招贴设计中,使用简练的符号化图形元素,能够明确地表达招贴设计主题,并尽可能多地传达招贴设计的信息。招贴设计的符号与其他元素可构成新的图形、新的意境,而招贴设计的符号也不再是原意,招贴设计的画面也打破常规,新的构成创造了新的视觉形象,可引发观众的好奇心,深化招贴设计的主题。

3. 招贴设计的个性需求

招贴设计要求个性鲜明,突显产品的情趣化、概念化、差异化的特征,并以此来满足招贴设计消费者求新、求异的心理欲望,从而使招贴设计的产品备受消费者青睐。招贴设计不能仅仅拥有强烈的视觉冲击,要知道在招贴设计中视觉冲击其实远远不如心灵冲击持续时间久,而且招贴设计往往是越简单越震撼。因此招贴设计就是做减法,减去招贴设计中边边角角的累赘,最后留下的才是招贴设计的主旨,才是最震撼人心的设计。

7.1.2 招贴设计的构图形式

设计招贴时,构图应力求简约,应对画面中的一切形象进行简洁的概括和归纳。常见的构图形式有以下几种。

1. 平稳式构图

在这种构图形式中,采用对称和均衡的方式表现画面。对称和均衡是取得视觉平衡的两种方式,会产生重心居中、平稳等视觉感受,无论招贴设计的视觉要素有多繁杂、散乱,其构图的视觉效果都比较稳定。此类构图一般用于表现严肃、庄重、理性等内容(见图 7-1-1)。

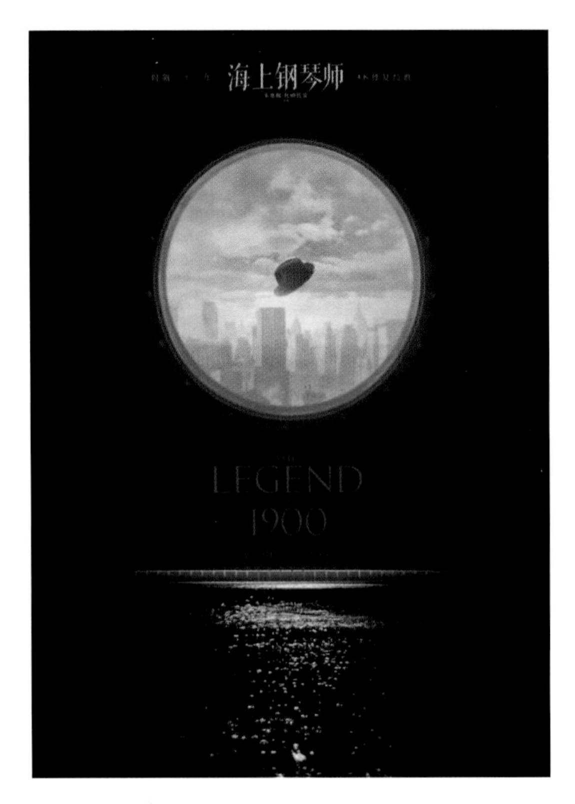

图 7-1-1

2. 散点式构图

此类构图适合表现自由、和谐、随意、自然等视觉感受。散点式构图形散神不散，在整体和谐的框架内隐藏着严谨的形体结构，整体视觉效果为乱中有序、不拘一格、重心稳定、和谐均衡(见图 7-1-2)。

图 7-1-2

3. 动感式构图

在此类构图中，一般采用单个图形的倾斜、透视、放射、折射、飞白、波动等形式，或多种视觉形态的重复与渐变来表现画面。重复是指主次不同的相同形态、颜色、大小的反复并置，渐变是指按一定的秩序和规律逐渐改变，包括形状渐变、色彩渐变、位置渐变和方向渐变等（见图 7-1-3）。

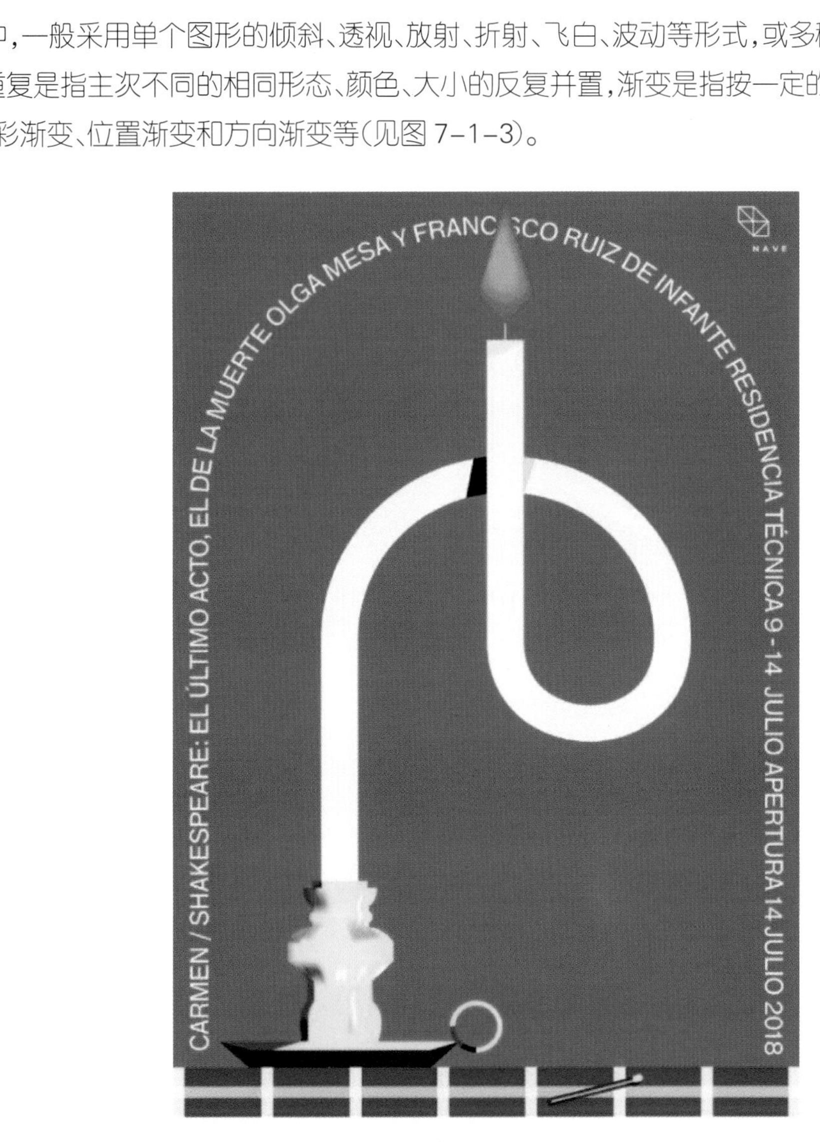

图 7-1-3

7.2 招贴版式设计案例

今天我们要讲的是，如何使用 Adobe Illustrator 制作字体海报。首先我们来观察一下图 7-2-1 所示的字体海报，它是由两种不同的字体穿插而成的，背景添加了一些祥云、水渍还有一些英文。这次我们要学习的一个重点，就是矩形造字和笔触造字，学会了方法之后，大家就可以设计自己想要的字体海报了，那么现在我们开始学习吧。

图 7-2-1

(1)打开 Adobe Illustrator 软件，新建一个文件，可以在界面上单击【新建】，或者按快捷键【Ctrl+N】，弹出一个窗口，选择打印模式，设置尺寸 210 mm × 210 mm(见图 7-2-2)，单击【创建】，就得到了一个正方形的画板。

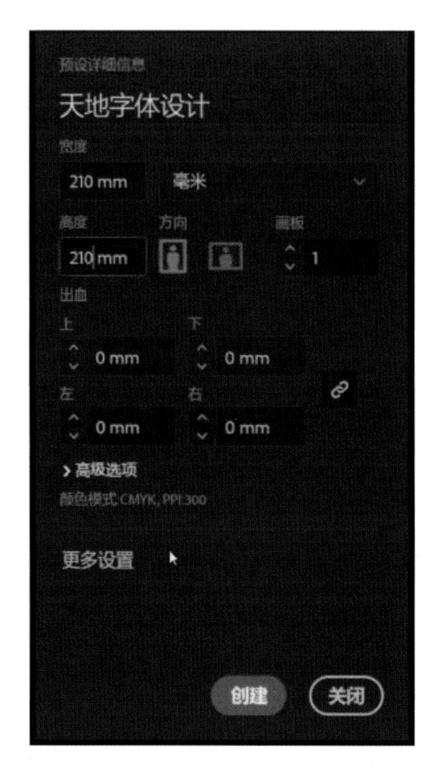

图 7-2-2

选择【文字工具】，在画板上打出“地”字，选择思源黑体，Bold 字重，单击鼠标右键，选择【创建轮廓】。选择【矩形工具】，画出一个纵向长方形。按住【Ctrl+D】复制长方形，在【窗口】—【变换】中选择旋转 90 度，调整高度，变细一些，作为横笔。现在矩形造字的横笔和竖笔我们都准备好了，接下来就可以开始拼字了（见图 7–2–3）。

首先我们把 “地” 字所需要的所有笔画用横笔和竖笔拼出来，拼完之后再对细节进行调整，比如笔画之间的长短关系、间距关系、大小比例关系等。以刚才的思源黑体字作为参考，我们给两个横笔旋转一个相同的倾斜度，在视觉上会有一种统一感。用直接选择工具，调整竖笔的锚点，让横线形成轻微的倾斜，使整体更加有立体感。使用【路径查找器】—【减去顶层】，形成笔画对齐。我们在使用软件的时候，要对【路径查找工具】非常熟悉，因为它在我们使用软件做 LOGO、画插画等时是一个非常常用的工具。修整完之后，笔画会在视觉上更加统一（见图 7–2–4）。

图 7–2–3

图 7–2–4

② 制作 “天” 字。选择【画板工具】或按【Shift+O】新建一块画板，将需要用到的书法字体的单独笔画粘贴到画板上，并拼成 “天” 字。使用工具栏中的【操控变形工具】，调整笔画的姿态，形成一个美观自然的 “天” 字。直接拉伸变形会很突兀，而用操控变形工具调整后看起来整体就和谐很多。也可以使用毛笔的笔刷为 “天” 字添加一些肌理，选择【对象】—【路径】—【轮廓化描边】，把笔刷转为矢量元素，选中笔画和肌理图层，用【路径查找器】—【减去顶层】，形成类似毛笔字的枯笔效果（见图 7–2–5）。

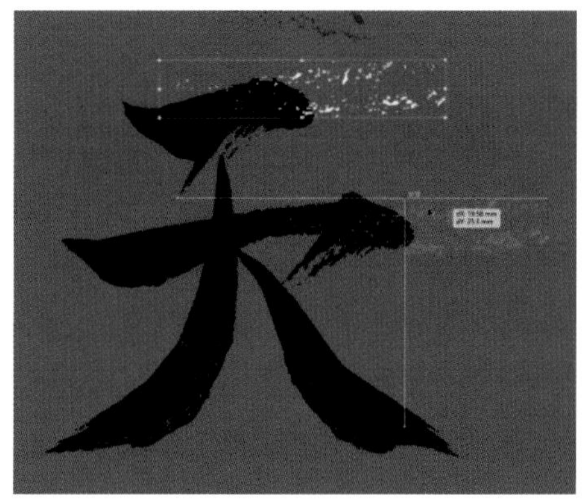

图 7–2–5

③ 为了让画面更丰富，给这个 “天” 字添加底纹。首先我们选中刚才制作的 “天” 字，按住【Alt】键，出现双箭头时拖动，这样就复制出一个 “天” 字。拖入墨痕素材，按【Ctrl+C+I】，将墨痕素材置于笔画的底层，单击鼠标右键，选择【建立剪切蒙版】，单击 “是”。接下来在该笔画里进行调整，复制多个墨痕素材层，调整大小和位置，将

该笔画填充满。调整完成后，笔画底纹效果丰富分明。剩下的几笔，也用同样的方式制作填充。需要注意的是，笔画要置于顶层，墨痕素材置于底层才能够剪切进笔画的形状里。

所有底纹都添加完成后，框选整个“天”字，按【Ctrl+G】打包为群组。框选另一个未添加底纹的“天”字，用填色工具，将其变为白色。选中两个“天”字，选择【窗口】—【对齐】—【水平居中对齐】和【垂直居中对齐】，“天”字就完成了（见图7-2-6）。

图7-2-6

⑷ 把刚刚做的“地”字颜色调整成比较稳重的橙色，双击填色工具，设置C——30%，M——100%，Y——95%，K——0%。把“天”字拖到“地”字的上层，根据它们的笔画进行调整，做出穿插的效果。

按【Ctrl+C+]】，调整图层顺序，把“地”字的竖弯钩，叠加到“天”字的捺的上层。选中“地”字中较长的竖笔画，【Ctrl+C】复制—【Ctrl+Shift+V】原地粘贴。画一个矩形，盖住竖笔画的上半部分，选择【路径查找器】—【减去顶层】，“地”字的竖画只会出现在“天”字的捺画的上面，这就形成两个字的笔画相互穿插的效果。接下来根据字体结构和笔画的角度、粗细变化等对整体进行细节的调整（见图7-2-7）。

图 7-2-7

⑤ 把 “天” “地” 二字的穿插置于画板中间，打开一个水渍的图片素材，单击【编辑】—【编辑颜色】—【转换为灰度】，给图片素材进行去色的处理。调整好大小位置后，画一个与画布等大的矩形，置于图片素材上层，选中矩形和图片素材两个图层，鼠标右键选择【建立剪切蒙版】，让该素材成为招贴的背景。再导入一些祥云的素材，调整好大小、位置、角度，为了避免喧宾夺主，祥云不能用太深的颜色，所以要调整一下它们的不透明度（见图 7-2-8）。

图 7-2-8

⑥ 导入印章的底版素材，选择【文字工具】，在画板上打出 “天地万物” 四字，选择方正小篆体，印章文字一般是以竖排的方式进行排列的，所以选择【文字】—【文字方向】—【垂直】。竖排的文字一般是由左边到右边的，所以单击鼠标右键，选择【创建轮廓】，鼠标右键选择【取消编组】，框选下面两个字，拖到上面两个字的右侧，从左边到右边进行排列。框选四个字，双击【填色】工具，将文字变为白色。框选文字，拖到印章中，进行大小和位置

的调整。框选文字和印章，使用【路径查找器】—【减去顶层】，形成印章的空心字效果。把印章调整为和“地”字一样的颜色（见图 7-2-9），和“天”字对齐，放在海报里面作为呼应。

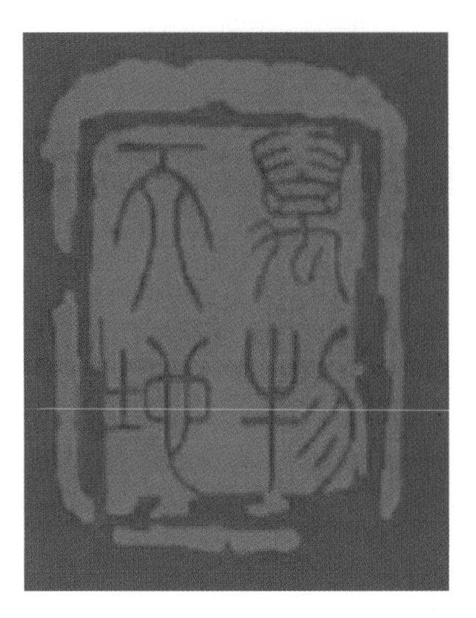

图 7-2-9

⑺ 选择【文字工具】，输入一些你喜欢的英文字句，作为标题，全大写比较郑重，因此选择【文字】—【更改大小写】—【大写】。选择一个较粗的有衬线的字体，这种字体相对比较优雅，比较有文化底蕴。选中文字，双击【填色】工具，调整一个相对比较稳重的颜色：C——25%，M——40%，Y——60%，K——0%。按住【Alt+ →】调整字间距。再调整字体大小和位置，将其置于“天”字的长横画上，观察是否清晰，如果不清晰，可以双击长横画进行隔离编辑，调整墨痕底纹的位置，使它能够将英文标题衬托得更清晰（见图 7-2-10）。

图 7-2-10

⑻ 给这张海报添加一段英文小诗放在底部。文字颜色选用 K 为 60% 的灰色，进行点缀。按 Alt+ 上下左右方向键调整字间距和行距。选中英文小诗和“地”字，选择【窗口】—【对齐】—【左对齐】（见图 7-2-11）。

图 7-2-11

⑨ 调整一下“天”字的颜色，单击【编辑】—【编辑颜色】—【调整色彩平衡】，弹出对话窗口，由于画面整体是暖色调，所以添加一点点黄色，Y—— 35%，单击【确定】。背景是白色，为了使整体更加和谐，添加一点冷色增加对比度，C—— -15%（见图 7-2-12）。

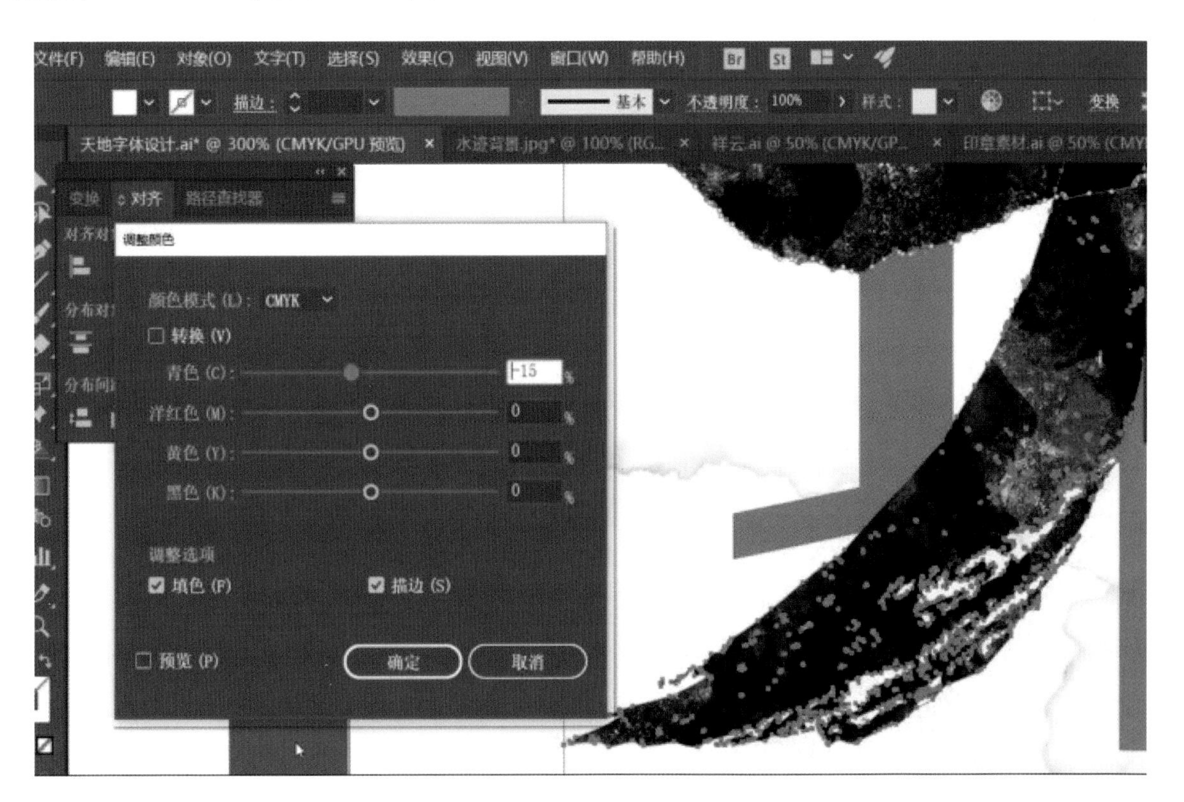

图 7-2-12

再进行一些整体的微调，这个海报就完成啦！

Banshi Sheji yu Yingyong

第 8 章

书籍版式设计

8.1 版式设计在书籍装帧中的应用

8.1.1 书籍常见的开本类型

大型本:12开以上的开本,适用于图表较多、篇幅较大的著作或期刊。

中型本:16～32开的所有开本,是目前市面主流开本类型。

小型本:多用于手册、说明书、便携版读物。

8.1.2 书籍装帧常见的装订形式

(1)扎结订;

(2)粘联订;

(3)古线订;

(4)三眼线订;

(5)铁丝订;

(6)缝纫订;

(7)锁线订;

(8)无线胶黏订。

8.1.3 书籍装帧设计的组成元素

(1)书脊设计:书脊的设计要用简洁的文字、醒目的色彩突出主要信息,吸引读者。

(2)封面、封底设计:需要合理使用载体材料,并综合运用视觉语言要素,艺术化地呈现满足读者需求的封面设计,传达明确的书籍信息和内在精神。

(3)版式设计:版式设计是书页中图文的有机排序组合,用艺术化手法传达理想思维,起着强化书籍内容信息的传递,吸引读者,塑造书籍个性形象的作用。

(4)插图设计:以图像形式直观地向读者解释、说明文字含义,极具视觉感染力,满足读者更便捷、直观地获取书籍信息的需求。

8.1.4 书籍装帧设计的原则

(1)整体性:书籍装帧设计是一项系统工程,主要包括对书籍起宣传和保护作用的外部函套、护封、封面等的设计。

(2)艺术性:为书籍塑造形象。

⑶ 抽象具象性：书籍装帧设计分为抽象和具象两类。

8.2 书籍版式设计案例

封面设计是书籍装帧艺术设计的门面，它通过艺术形象设计的形式来反映书籍的内容。在当今琳琅满目的书海中，书籍的封面起到了一个无声的推销员的作用，它的好坏，在一定程度上将会直接影响人们的购买欲。好的封面设计能够营造一种气氛、意境或者格调。那么接下来，我们就使用 Adobe Illustrator 软件，通过一个散文集的封面制作案例来告诉大家，如何设计简约风的书籍封面(见图 8-2-1)。

图 8-2-1

⑴ 打开设计要求，我们可以看到书名、作者及封面其他内容等，当然还有尺寸要求(这里所标注的尺寸是书籍的成品尺寸)。我们在做设计之前，要根据这些资料来思考整个版面的设计，对其有个充分的理解，这样方便我们对风格的整体把控和素材的寻找。

接下来，设定设计尺寸。打开 AI 软件，找到【文件】单击新建，建立一个 430 mm × 203 mm 的画板，出血为 3 mm，色彩模式为 CMYK，光栅效果(分辨率)为 300 ppi(见图 8-2-2)，单击【确定】。按【Ctrl+R】键将标尺显示出来，红色边框框住的地方就是出血位。选择【矩形工具】，建立一个 436 mm × 209 mm 的矩形，单击确定。移动矩形，对齐画板，把描边改为无。

⑵ 分别标出前后勒口和书脊的位置。

选择【直线段工具】，沿着左侧黑色竖框线按住 Shift 键绘制一条直线，分别与上下红色边框交汇，描边填充为黑色。找到【窗口】—【描边】，调出描边面板，勾选【虚线】，把第一个数值改为 3 pt(见图 8-2-3)，用虚线来表示折痕部分。选中这条虚线，右键选择【变换】—【移动】，把水平数值改为 70 mm，垂直数值为 0 mm，距离为 70 mm，勾选【预览】，我们可以看一下效果(见图 8-2-4)。

图 8-2-2

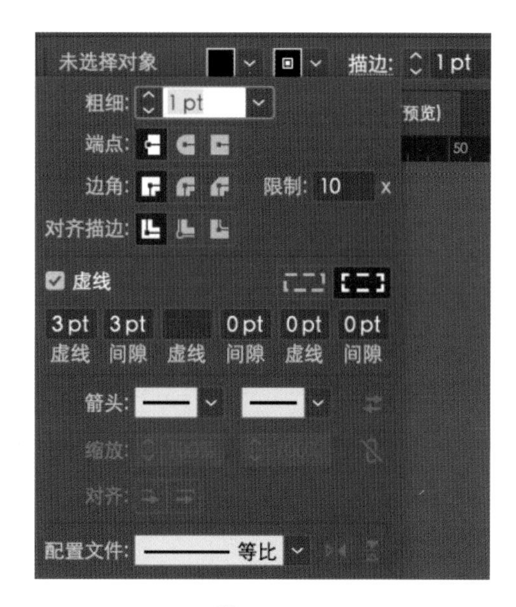

图 8-2-3

图 8-2-4

单击【复制】，接着再次选中左边这条虚线，右键选择【变换】—【移动】，把水平数值改为 360 mm，单击【复制】，这样前后勒口就标注出来了。

③用同样的方法标出书脊的位置。

选中左边这条虚线，右键选择【变换】—【移动】，把水平数值改为 210 mm，单击【确定】。选中刚复制出的位于中间的这条虚线，右键选择【变换】—【移动】，把水平数值改为 10 mm，单击【复制】。

选中所有元素，按【Ctrl+2】键进行锁定，防止我们在设计的时候不小心移动它们，这样，大概的结构就绘制好了（见图 8-2-5）。

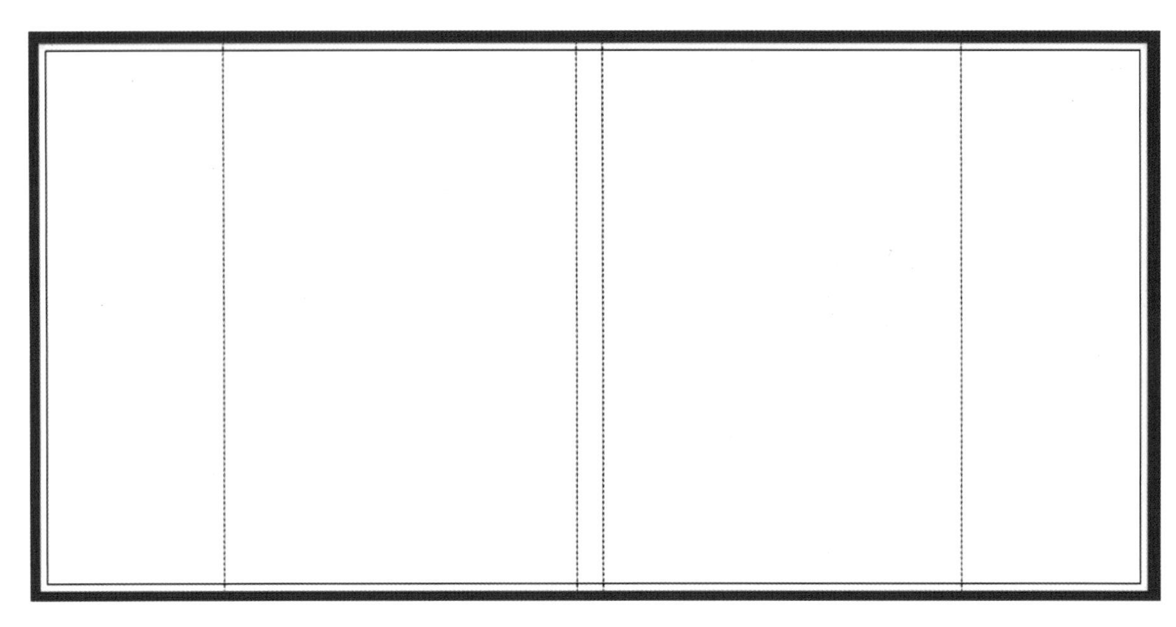

图 8-2-5

⑷ 对整个封面进行设计。

打开素材文件夹，我们先把图片素材拖拽进来，单击【嵌入】。

在这里我们要注意的是，图片的选择不是随意的，而是有讲究的。我们根据书名和内容来挑选合适的图片，这样才能更好地传递信息。把图片放置在右上角的地方，占据这部分版面，我们将这张图片往前勒口这个版面移动，使其应用在两个面上，装饰这两个版面，调整一下它的大小（见图 8-2-6）。

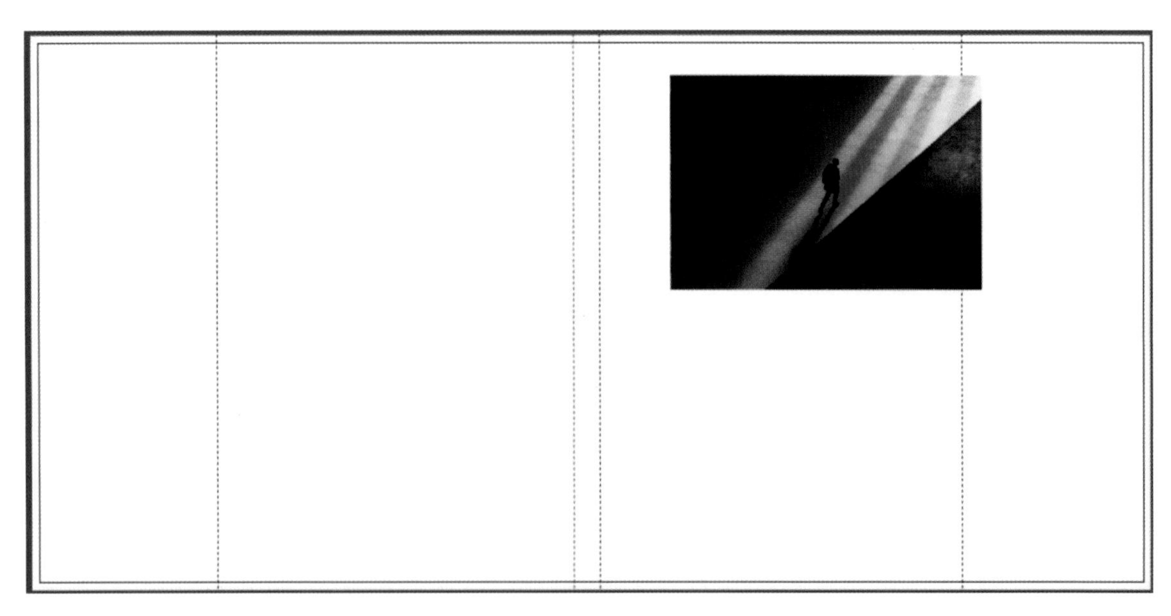

图 8-2-6

⑸ 把书名复制过来，作为整个封面的大标题。选中书名，按【Ctrl+C】复制一个，选择【文字工具】，按【Ctrl+V】

将信息粘贴进来。选中书名，选择一个合适的字体，这里选用了带有文化韵味的宋体字—— 方正兰亭宋，这个字体更加符合整本书的气质。既然是大标题，就要调整一下字号的大小，使它的层级更加明显。选中文字，将字号调整到 25 pt，给这段文字断行。

接着把封面的文字内容复制过来。可以看到封面的内容文字比较多，可以分开排版，将一部分横排，一部分竖排。选中第一段文字，将它复制过来，选择文字工具，把字号调整到 7 pt，然后长按鼠标左键拖拽一个文本框，将文字粘贴进来。选择一小段文字作为一个小标题，我们可以将它的字号调大一些。

选中第二段文字，将它复制过来，选择【直排文字工具】，同样拖拽一个文本框将文字粘贴进来，把字号改为 6 pt。调整完毕后我们把作者信息复制过来，把字号调整到 7 pt。

选中除去直排文字以外的所有文字和图片，单击【水平左对齐】将其对齐。找到【窗口】—【字】—【字符】，调出【字符】面板，分别调整一下这些文字的行距和间距，增强读者阅读时的舒适性。

这样，封面的正面部分就大致设计完成了（见图 8-2-7）。

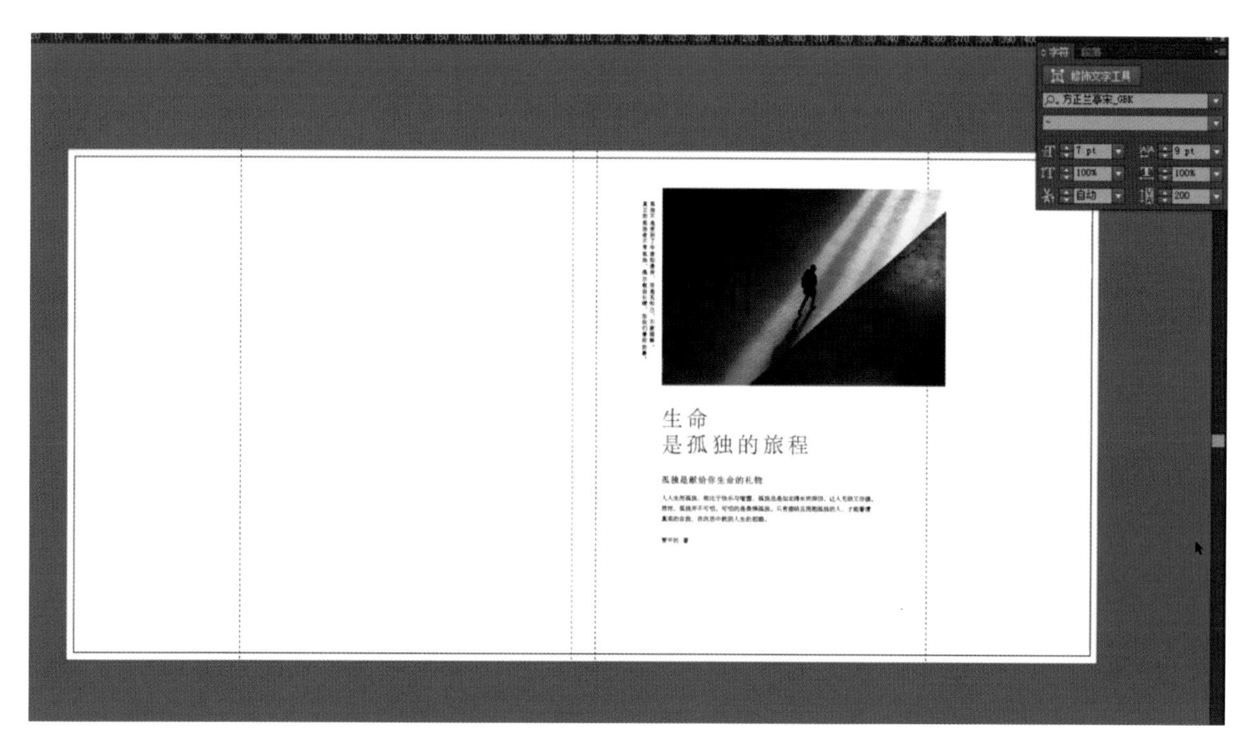

图 8-2-7

⑥ 对前后勒口进行设计。

先把前勒口的信息复制过来，把这些信息排列在右下方的位置。作者姓名是比较重要的信息，我们可以将文字放大来突出它。

选中所有文字调整一下文字的间距，拖拽文本框可以调整每行文字的长短。仔细观察这段信息，我们可以看到，有些标点符号在行首，这是错误的文字排版方式。选择【段落】，单击【两端对齐，末行左对齐】，在【避头尾集】这里选择【严格】。

我们可以在“作者”这一词语和作者姓名中间绘制一条直线来将它们隔开，更显精致。选择【直线段工具】，按住【Shift】键绘制一条直线，填充黑色，描边粗细改为 0.5 pt。单击【字符】，选中这些文字，将行距调大一些，方便阅读（见图 8-2-8）。

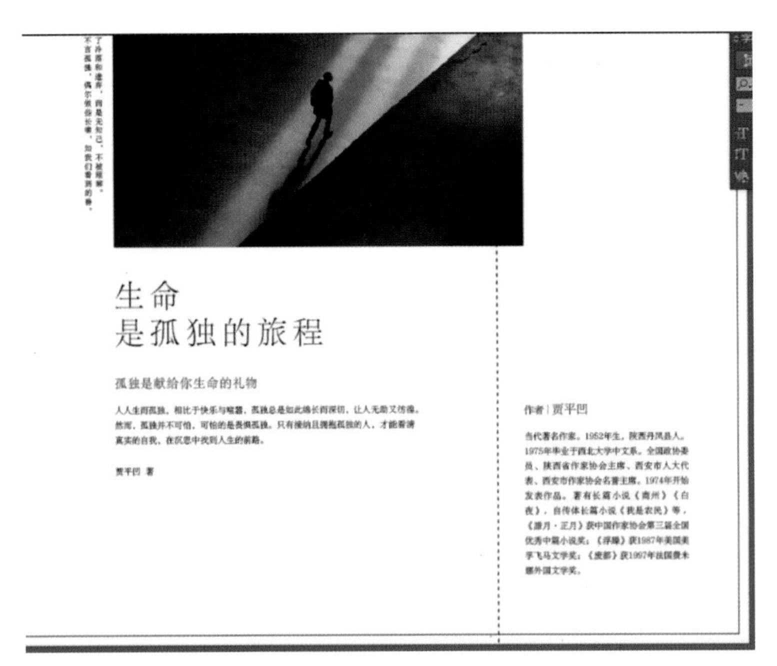

图 8-2-8

⑺ 调整后勒口的部分。

打开文本文档，将文字内容复制过来。选择【文字工具】，拖拽一个文本框，将字号改为 7 pt，然后将文字粘贴进来。选中第一段文字，将它放大一些，与下面文字的层级区分开来。每一段落结束后空一行，显得不那么拥挤，然后再调整一下文字的行距和位置（见图 8-2-9）。

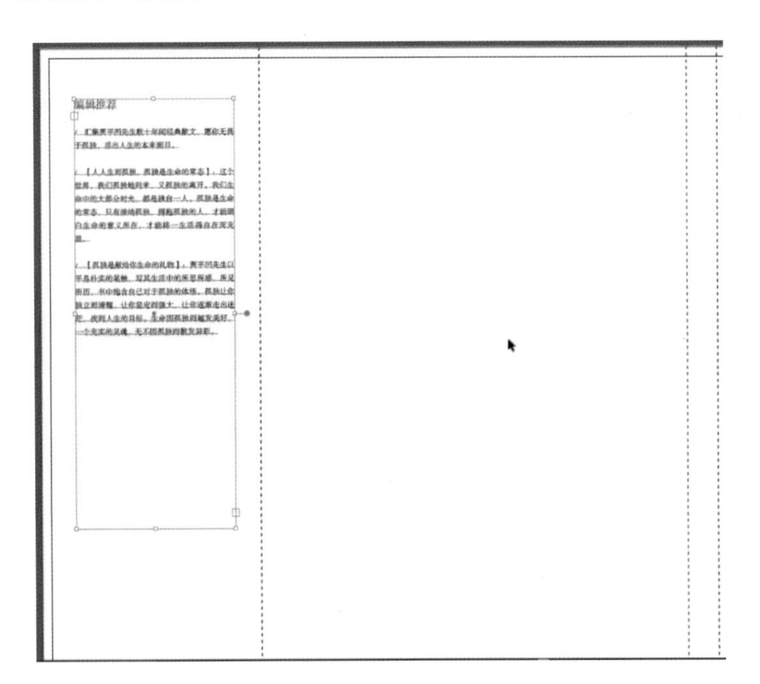

图 8-2-9

⑻ 对书籍的背面进行设计。

一般来说，书籍的背面都是放置一个商品条形码。打开素材文件夹，将条形码拖拽进来，排列在背面右下角的位置，单击【嵌入】。

接着我们将商品定价输入进来，排列在条形码下面的位置，再调整一下字号的大小，选中文字和条形码单击水平居中对齐，再调整一下它们的位置（见图 8-2-10）。

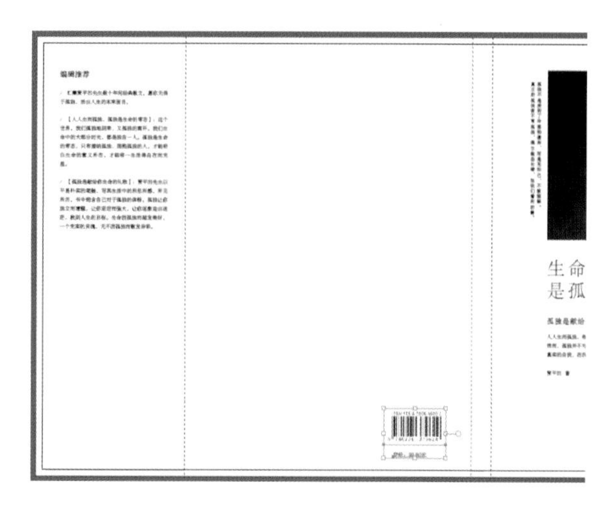

图 8-2-10

⑼ 对书脊部分进行排版。

书脊部分一般放置书名和作者名，我们把这些内容复制过来。选择【直排文字工具】将文字粘贴进来，把书名放大一些（见图 8-2-11），使其有个对比，再分别调整一下文字的间距。

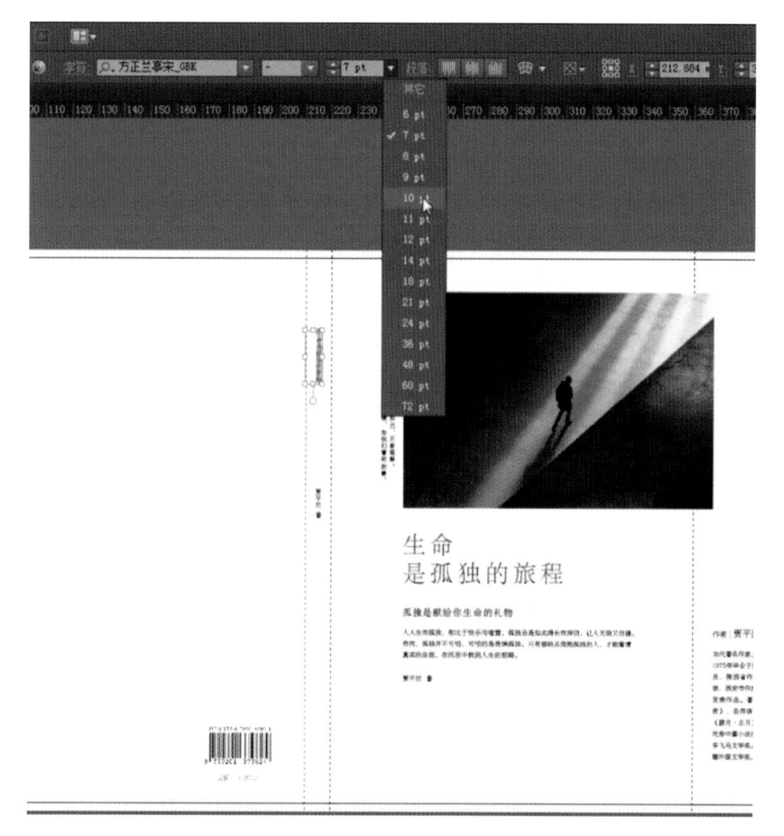

图 8-2-11

⑽ 最后，把出版社的 LOGO 拖拽进来。

打开素材文件夹，我们可以看到有横版和竖版两个形式，我们把它们都拖拽到画板上，单击【嵌入】。一般横版的我们放置在书籍正面的位置，竖版的放在书脊的位置（见图 8-2-12）。

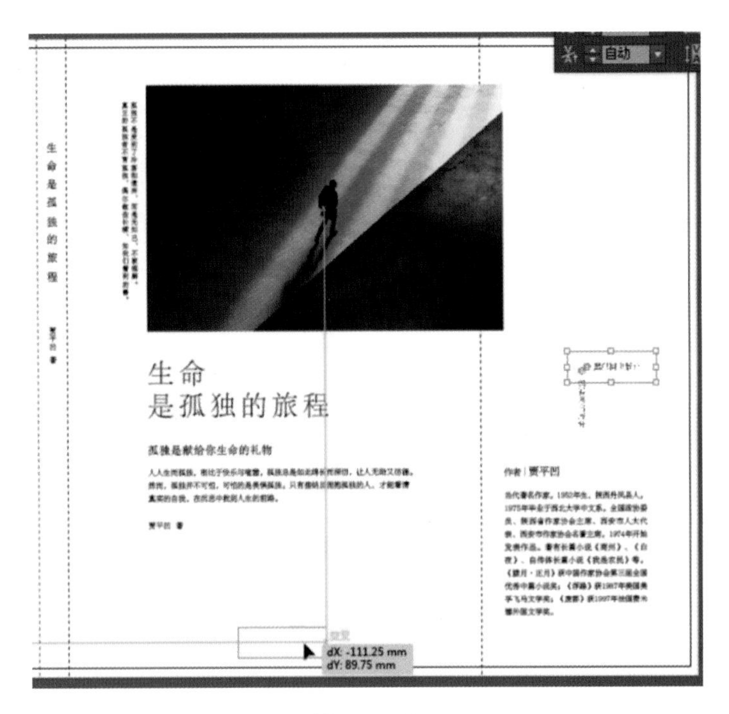

图 8-2-12

（11）可以看到现在整个版面的底色是白色，显得比较单调，我们可以给它填充一个有彩色。按【Ctrl+Alt+2】键进行解锁，然后选中这个矩形，给它填充一个准确的 CMYK 颜色数值：C——5%，M——5%，Y——10%，K——5%（见图 8-2-13）。

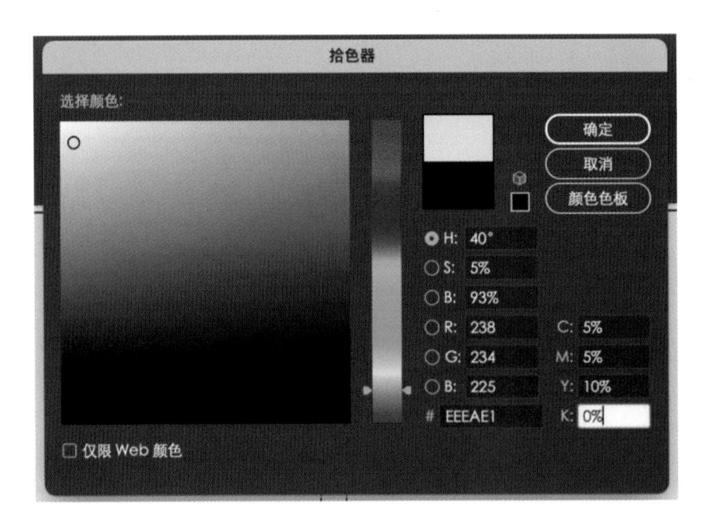

图 8-2-13

大家要注意的是，颜色的选择不是随意的，要根据书籍的整个调性来选择，假如在这里给它填充一个大红大紫的底色，那么就十分突兀了。

这样，一个简约风的散文集封面就制作完成。

第 9 章

宣传单版式设计

9.1 版式设计在宣传单中的应用

1. 中心型

中心型排版具有突出主体、聚焦视线等作用，体现大气背景的可用纯色，高端背景可用渐变色。中心型排版利用视觉中心，突出想要表达的主题。当制作的宣传单没有太多文字，并且在展示主体很明确的情况下，建议多使用中心型排版（见图 9-1-1）。

图 9-1-1

2. 中轴型

中轴型排版利用中轴对称，使画面展示规整稳定、醒目大方。中轴型排版对称的版面特点，在突出主体的同时又能给予画面稳定感，并能使整体画面具有一定的冲击力。在做活动海报时，中轴型排版是很出彩的一种设计形式。在制作的宣传单满足中轴型排版要求且主体面积过大的情况下，可以使用中轴型排版（见图 9-1-2）。

图 9-1-2

3. 分割型

分割型排版利用分割线使画面有明确的独立性和引导性。分割型排版能使画面中的每个部分都极为明确和独立，在观看时能有较好的视觉引导和方向性；通过分割出来的画面的体积大小，也可以明确当前图片中各部分的主次关系，有较好的对比性，使整体画面不会显得单调和拥挤。当制作的宣传单中有多个图片和多段文字时可以使用分割型排版（见图 9-1-3）。

4. 倾斜型

倾斜型排版通过对主体或整体画面的倾斜编排，使画面具有极强的律动感，刺激观者的视觉。倾斜型排版可以让呆板的画面充满活力和生机，当设计师发现自己的图片过于死板或僵硬时，尝试让画面中的某个元素带点倾斜效果，会有出奇制胜的作用。当制作的宣传单要求冲击性、律动性、跳跃性等效果时，可以使用倾斜型排版（见图 9-1-4）。

5. 骨格型

骨格型排版通过有序的图文排列，使画面严谨统一、有秩序。骨格型排版具有清晰的条理性和严谨性，使画

面平稳。当制作的宣传单中文字较多时，通常会应用骨格型排版（见图 9-1-5）。

图 9-1-3

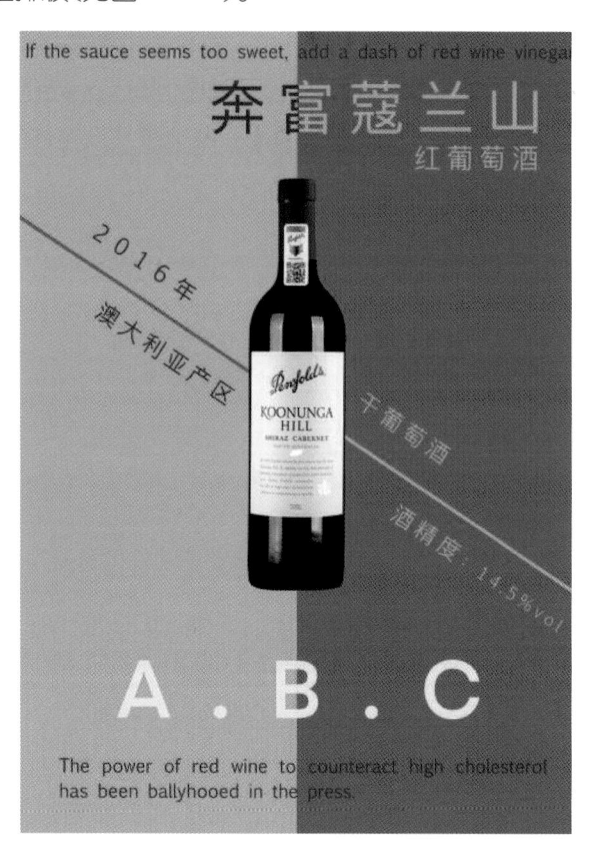

图 9-1-4

图 9-1-5

6. 满版型

满版型排版通过大面积的元素来传达最为直观和强烈的视觉刺激，使画面丰富且具有极强的代入性。当制作的宣传单中有极为明确的主体且文案较少时，可以采用满版型排版（见图 9-1-6）。常见的满版型排版有：

①整体满版，会让画面有强烈的代入性。

②细节满版，能快速明确地展示主体。

③文字满版，通常是以装饰的形式来表达某些文案。

图 9-1-6

9.2 宣传单留白技巧

1. 文字间距行距留白

文字的间距行距如果太过统一和拥挤，画面就会显得死板。所以，在文字段落较多的情况下，可以适当调节文章段落的距离来改善画面的效果，也就是加大文字间的留白。

2. 大元素留白

如果版面的某个元素内部又有其他元素，那么这个元素的内部区域就需要有合理的留白。内部元素既不能太满，也不能太偏。

3. 元素之间的留白

元素与元素之间要有合理的留白，不然画面会显得拥挤。

4. 画面四周的留白

除满版型排版以外，尽量让画面四周有足够的留白。有些时候，不必放那么多的装饰元素在画面中，那样反而会抢了主体的风头。

5. 留白与去白的结合

留白的同时也要去白，去白是一种平衡留白画面的效果。一般来说，常用的去白方式是对线去白，即下方有元素而上方很空的时候，给上方增加一个元素来平衡画面；当主体过小而导致留白过多时，需要放大主体和调整其他元素来去白（见图 9-2-1）。

图 9-2-1

9.3　宣传单版式设计案例

宣传单是商家用于宣传自己的一种印刷品，一般为单张双面印刷或单面印刷。

房地产宣传单设计，一般根据房地产的楼盘销售情况做相应的设计，如开盘用、形象宣传用、楼盘特点用等。本案例为用Adobe Photoshop制作房地产开盘用宣传单，单张双面印刷方式，A4大小。在印刷中，由于工艺需要，A4 大小通常是指 210 mm × 285 mm。

(1) 打开 Photoshop，将单位改为毫米，因为宣传单最终需要印刷，四边需要各加上 3 mm 的出血位，因此我们新建一个 216 mm × 291 mm 的画布，将分辨率改为 300 像素 / 英寸，颜色模式为 CMYK 颜色(见图 9–3–1)。

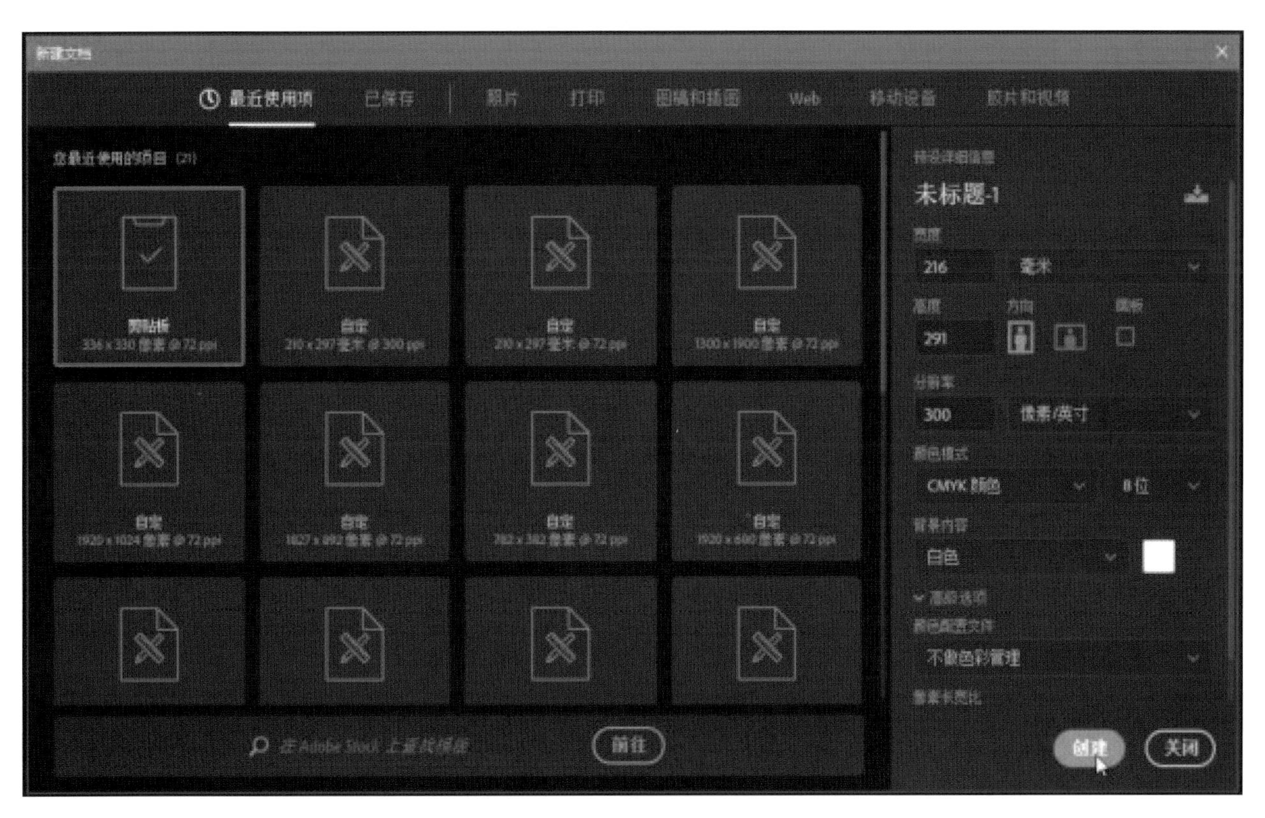

图 9–3–1

在【视图】这里找到【标尺】，勾选【标尺】，让标尺显示出来。前面提到过需要预留 3 mm 的出血位，我们利用【矩形选框工具】以及参考线来实现。找到【矩形选框工具】，将【样式】改为正常，绘制一个宽为 3 mm 的选框，置于左边，然后拉出参考线。将选区移动到右边，同样拉出参考线。这样在四周各预留 3 mm 的出血位。

(2) 绘制宣传单的正面。

新建一个空白图层，宣传单的正面整体采用深蓝色和金色的搭配，因为这两种颜色搭配在一起比较大气庄重。将前景色改为深蓝色，C——87%，M——80%，Y——70%，K——50%，按【Alt+Delete】键填充背景(见图 9-3-2)。

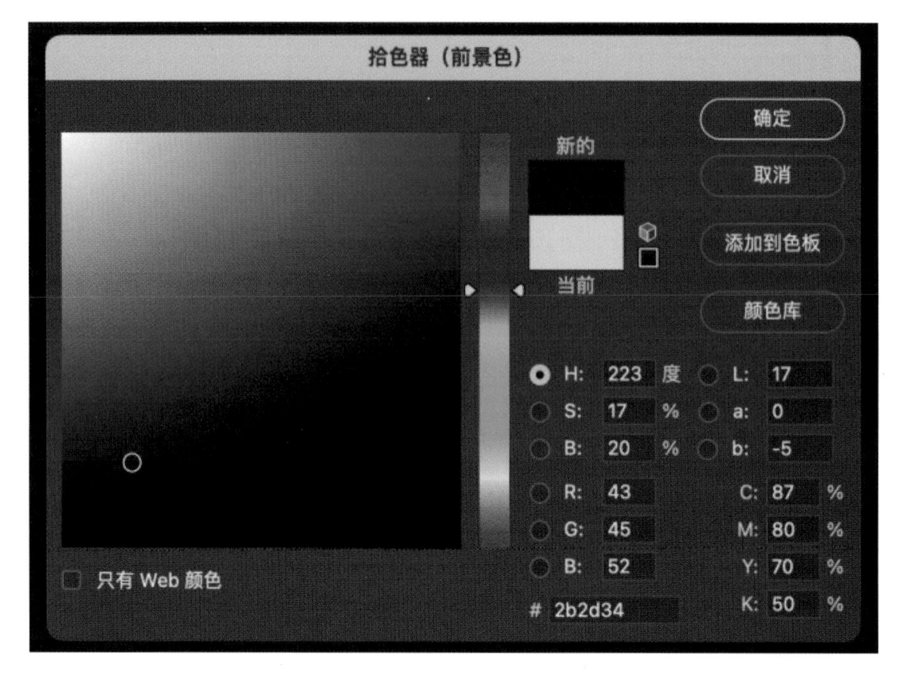

图 9-3-2

打开文案(见图 9-3-3)，这里我们要对文案进行划分，我们要将重点内容放在宣传单的正面，所以我们首先将企业理念和开盘日期及联系方式等置入文档中。选中文字然后按【Ctrl+C】复制，然后回到 Photoshop 中，按【Ctrl+V】粘贴。将前景色切换到白色，先给文字填充一个白色。按住【Alt】键拖动文字复制，然后修改里面的文字，这样复制可以保证文字的字体和字号是一样的。

(3)将楼盘的图片置入文档中。

按【Ctrl +Shift+]】将图层置于顶层，然后按【Shift】键选择文字图层，按【Ctrl+G】给它们编组。人的视觉是从上到下的，所以我们将图片放在上方，文案信息放在下方。最后调整所有文字的大小、位置和字间距、行距，以及图片的位置与大小。

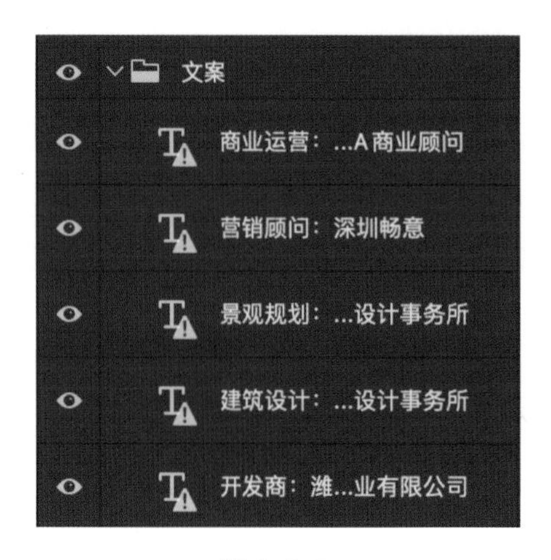

图 9-3-3

⑷ 为了使图片的融入感增强，可以调整图片的部分明度和饱和度。

找到【直接选择工具】，按【]】键放大笔触，选择需要调整的部分，如案例中的天空。在树叶和天空交集的地方缩小笔触，后面天空和楼房的过渡会生硬，可以调整羽化值。【选择】—【修改】—【羽化】，羽化值大概3个像素就够了，这样子过渡会比较自然。

接下来我们将天空压暗一点。如图9-3-4所示，在图层面板中选中图片，在图层面板最下面找到【创建新的填充或调整图层】—【色阶】—【创建剪贴蒙版】，使色阶只对图片产生效果。将中间的三角形灰色色块往左边移动，如果天空的饱和度依旧很高，可以使用【创建新的填充或调整图层】—【色相/饱和度】进行调整。按住【Alt】键拖动【色阶蒙版】，复制到【色相/饱和度蒙版】上。将【色相】往颜色明度比较低的蓝色拉动，将【饱和度】和【明度】降低一点，这样子天空和整个背景看起来比较统一了。

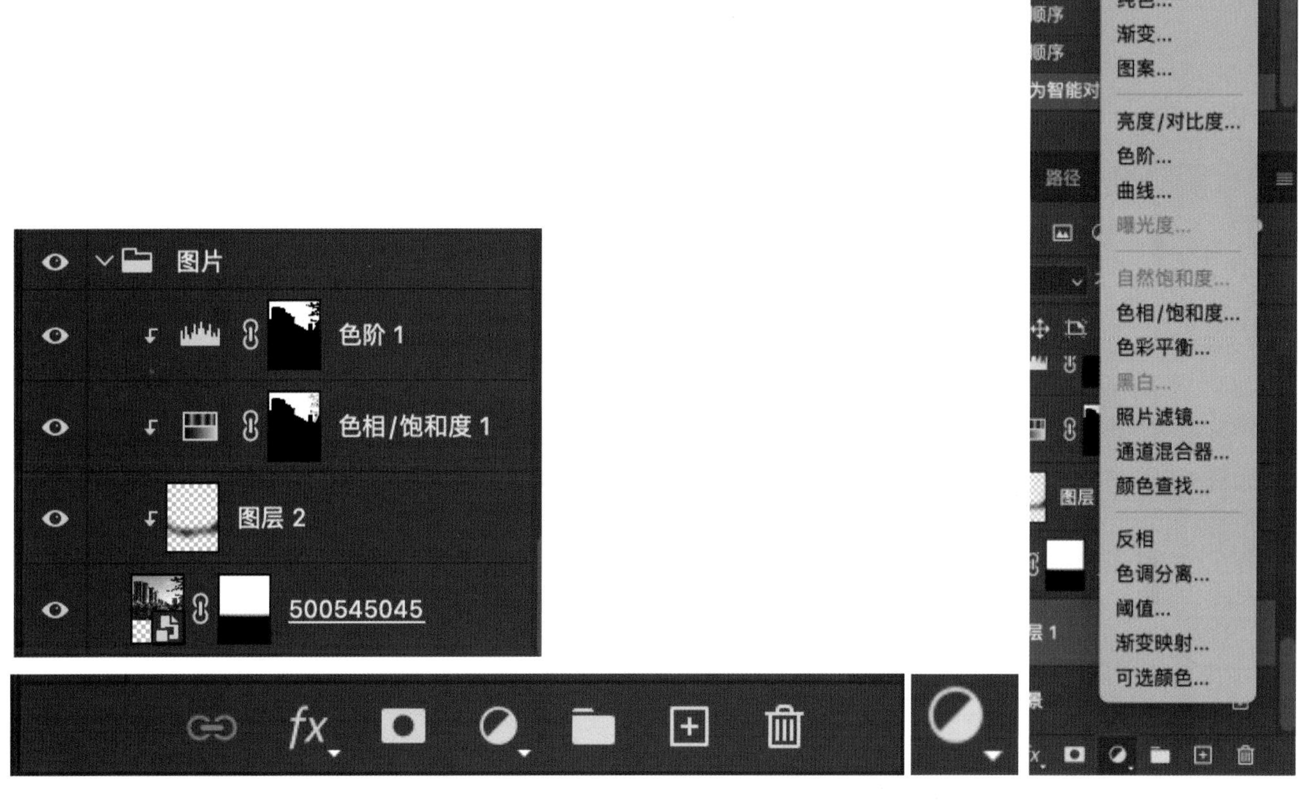

图 9-3-4

这时候又有问题出现了，下面的部分跟背景融不到一块去，所以我们给图片添加蒙版。找到【渐变工具】，渐变颜色是从黑色到透明，渐变模式改为线性渐变。在图片下面的位置从下往上拉，使它们看起来更加有融合感。新建一个空白图层，利用【画笔工具】降低透明度，把边缘部分压暗一点。

⑸ 处理文案信息。

选择文字图层，选取一个偏暖的金色，按【Ctrl +Shift+]】键将这个组置于顶层。按【Alt+Delete】键给文字填充颜色。大部分人拿到宣传单往往是一扫而过，所以我们尽量选择易读、清晰的字体。调整主题文字的大小，然后给主题文字做一个微立体的效果。右击图层，找到【混合选项】—【斜面和浮雕】（见图9-3-5），阴影部分选择一个比较深的棕色，调整阴影的角度和透明度，深度和软化的数值也进行调整，让立体效果看起来更加柔和平滑一点。联系方式也比较重要，还是填充金色，按【Alt+Delete】键填充颜色。

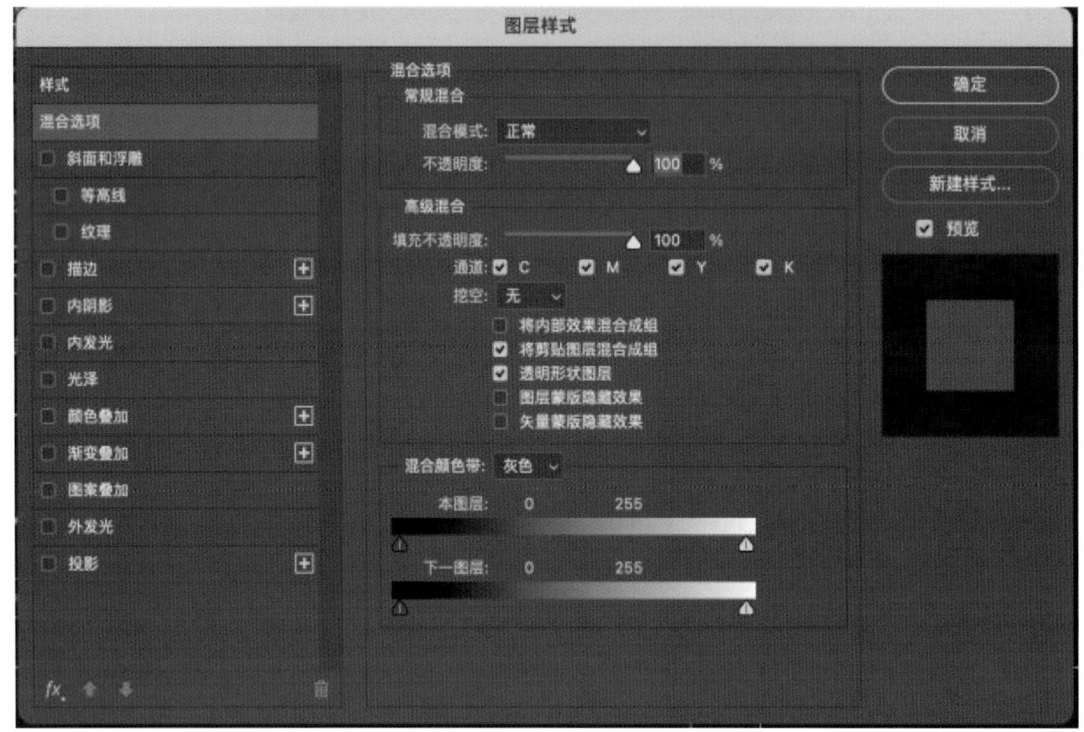

图 9-3-5

文字排版应用的核心是对比，标题以及描述部分，从直观的外形上可以通过粗细大小等来区分，所以我们调整这些文案的字体大小。不是特别重要的信息，将它们放在最下面，可以将它们分开排版，字体缩小一点。选择最下面的几个文字图层，单击【底部对齐】和【水平居中对齐】。

人在阅读文字时，基本规律是从上到下、从左到右，所以我们将主要的内容放在上面，并且文案的排版尽可能减少参差不齐的情况，这里的文字排版选择的是左对齐。如果中间的部分有点空，使用【矩形工具】画一条短直线，可以使文字之间看起来更加有序，也更加有关联感。最后我们将 LOGO 置入文档中，调整大小和位置，微调整体文字的位置，宣传单的正面就完成了（见图 9-3-6）。

⑹ 房地产宣传单的反面部分，一般是放楼盘的具体描述和户型图，所以文字会特别多。为了让人们阅读起来不吃力，在排版上一定要做到整齐，所以前面做好参考线必不可少。

找到【矩形工具】，画一个 200 像素 ×200 像素的正方形，填充为黑色，放在画布边缘，拉出参考线，参考线会自动吸附到矩形的边缘处。同样地，使用这个方法，将画面上下左右各留出 200 像素的空间，后面文字的排版尽量不要超出这个区域。

图 9-3-6

文字需要分为两列排版，所以中间也需要辅助参考线，这里矩形宽度为 100 像素，按住【Shift】键加选背景图层，使矩形【水平居中对齐】背景，最后删掉矩形（见图 9-3-7）。新建一个空白图层，选取一个偏暖一点的颜色，C——2%，M——3%，Y——14%，K——0%，按【Alt+Delete】键填充颜色。

⑺ 复制粘贴所有文字，调整文字的分组、字间距、行间距、大小和位置。标题部分跟正面一致，反面文字也选择左对齐。为了使画面对比更丰富，可以加上一些短直线和英文。正文部分按【Ctrl+A】全选文字，按【Alt+ ↓】键拉宽行距，根据参考线给文字断行。按照文字的重要等级，调整文字颜色，越重要的文字字体越大，颜色饱和度和明度越高。

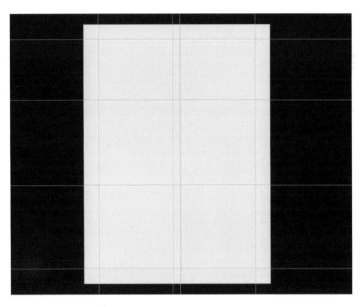

图 9-3-7

⑧ 很多人拿到宣传单首先是看图片，然后才是文字，宣传单讲究图文并茂，所以在宣传单的反面也经常放置种类丰富的插图。

怎么快速把插画从背景中抠出来呢？需要找到【通道】，黄色通道的黑白对比比较强，鼠标右键单击黄色通道，选择【复制通道】，按【Ctrl+L】调出【色阶】，将【输入色阶】中的黑色色块往右边移动，使暗部颜色更深，灰色色块同样往右边移动，加深灰色部分，单击【确定】。

按【Ctrl】键的同时鼠标单击拷贝出的通道，回到【图层】中，按【Ctrl+Shift+I】反选选区，按【Ctrl+J】将选区内的内容复制出来，拖进画布中，就可以使用了（见图 9-3-8）。排版讲究排列的秩序性和整齐性，要善用参考线对齐。

图 9-3-8

⑨ 拖入图片素材后，右击图层，选择【转换为智能对象】，这样调整大小、对图片的原始像素不会产生影响。图片大小和文字段落对应，可以先画一个合适大小的矩形，拖入图片素材，转换为智能对象，按【Ctrl+Alt+G】创建剪贴蒙版，这样超出矩形的区域将不会显示。

最后将边框素材拖进来，按【Ctrl +Shift+]】键将图层放在顶层，将边框调整到一个合适的大小（见图9-3-9）。

图 9-3-9

我们的房地产宣传单也绘制完成了。

Banshi Sheji yu Yingyong

第 10 章

网页版式设计

10.1 版式设计在网页中的应用

网页版式设计是指在有限的屏幕空间里，将网页中的文字、图像、动画、音频、视频等元素组织起来，按照一定的规律和艺术化的处理方式进行编排和布局，形成整体的视觉形象，达到有效传递信息的最终目的。网页设计决定了网页的艺术风格和个性特征，并以视觉配置为手段影响着网页页面之间导航的方向性，以吸引读者的注意，增强网页内容的表达效果。

10.1.1 网页版式设计的特点

传统的网页设计是以静态的形式传达信息的，随着社会科技的不断进步，出现了很多种可以设计网页的软件，比如 Flash，可以使网页“动”起来。从版式设计的角度来看，网页在平面编排时和其他版式是一样的，只不过网页的设计与制作需要相关的设计软件与网页设计的专业技术。网页版式设计中，应注意文字的编排运用，由于网页属于电脑上显示的信息，电脑屏幕的抖动对视觉的影响很大，因此，在网页版式设计中，文字不能太细或太小，要适当地增大行距，大段文字可以采用浅色的背景，缓解屏幕与文字的反差（见图 10-1-1）。

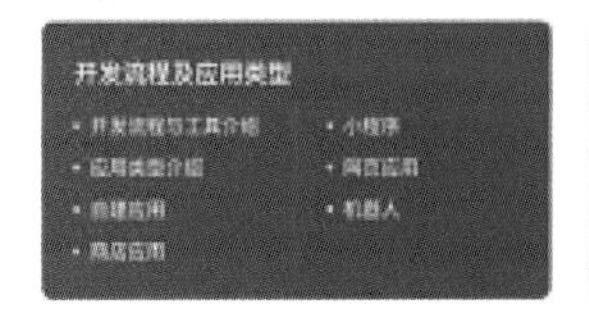

图 10-1-1

10.1.2 网页版式设计的主要表现手法

1. 页面的空间感

在很多网页中都存在着这样一个问题:版式太满,没有层次。其主要原因,就是在编排的时候把所有信息都往版式上堆,造成版式拥挤、没条理。因此,在编排网页的版式时,应注意版式的主次关系,形式上要丰富,组织上要有秩序而不单调,要合理运用变化与统一的编排方式,使版式具有空间感(见图 10-1-2)。

图 10-1-2

2. 页面的个性化

随着网络时代的到来,网页越来越多,打开电脑,一进网站,就可以看到千篇一律的网页,它们有着同样的版式结构、标题以及按钮编排方式,没有个性。因此,在网页的版式设计中,应充分运用自己所学习的版式设计知识,分析网站的优势,进行版式编排,充分运用对比与调和、均齐与平衡、节奏与韵律等表现手法进行设计,使你的网页在众多网页中脱颖而出,更具个性化(见图 10-1-3)。

3. 页面的色调统一

很多人认为,版式中颜色越多,版式效果就越丰富,然而,如果将五颜六色的图片编排在版式中,会使版式显得杂乱、没有秩序,失去重心。因此,在编排网页版式的时候,要注意色系的运用。合理地运用版式色系,使版式在视觉上达到和谐统一的效果,能让浏览者对内容不易混淆,使浏览更加简洁与方便。网页的色彩包含了网页的底色、文字颜色、图片的颜色等,并不只是将颜色搭配得当就算完美,还要配合具体内容及网站主题。

在统一版式的同时,还要注意版式色彩的合理性。比如,网页的底色是整个网站风格的主要表现,以黑色作为背景色的网页,会令人产生黯淡的感觉,不适合用于活泼的儿童网站或者食品网站。因此,在统一版式的时候,要注意版式的主题与色系的统一性(见图 10-1-4、图 10-1-5)。

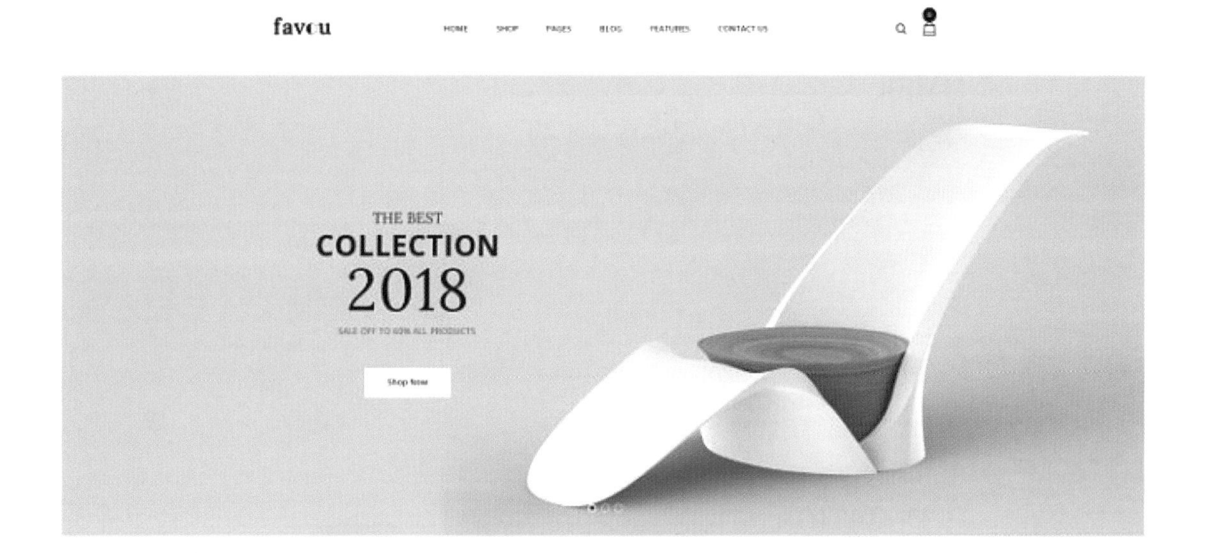

图 10-1-3

图 10-1-4

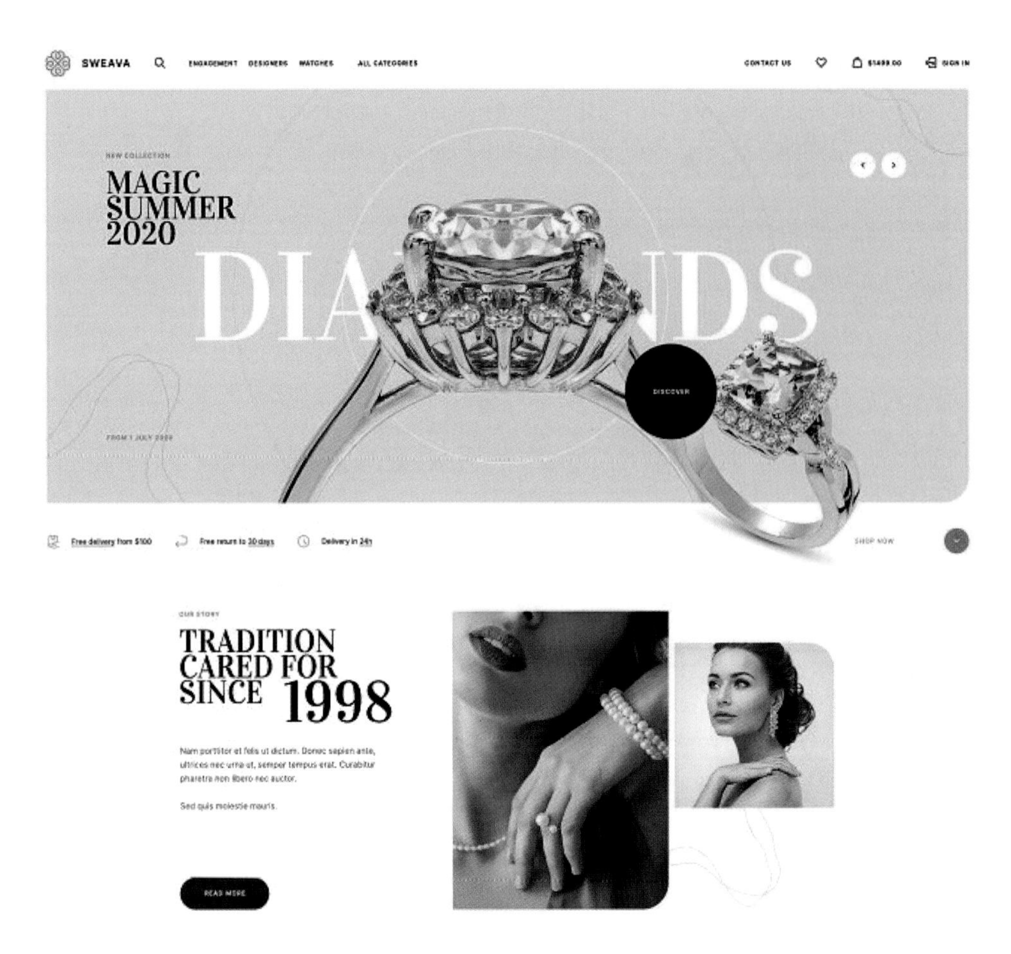

图 10-1-5

10.1.3　网页设计的构成要素

整体风格和色彩搭配是网页设计中的两大要素。

1. 整体风格

为了保证整个网站整体风格的统一，需要尽可能将标志放在每个页面上最突出的位置；要突出标准色彩；要有一句能反映主题的宣传口号；相同类型的图像要采用相同的效果，例如标题采用了立体效果，那么在网站中出现的所有标题的立体效果的设置应该是一致的。

2. 色彩搭配

使版面统一在同一种色彩中，通过调整明度、纯度，以形成丰富的层次感；或者选择两个具有对比效果的颜色，以形成视觉刺激；还可以使用同一色调的色彩来进行搭配。总之，要使整个网站保持统一的色彩感觉。

10.1.4　网页设计的程序

网页设计是一个感性思考与理性分析相结合的复杂过程，对设计师自身的美感及其对版面的把握有较高的要求。其设计程序主要分为以下几个步骤。

1. 分析定位

这一阶段主要根据客户的要求以及具体网站的性质来确定设计的风格，进行综合分析之后确定设计思路。

2. 设计构思

在了解了情况的基础上完成研究分析之后，就进入了设计构思的阶段。根据客户所提供的图片、文字、视频等内容进行大致位置的规划，设计版面布局。

3. 方案设计阶段

将研究分析的结果在电脑上呈现出来，这时往往会出现诸多在草图中无法暴露的问题，需要对这些问题逐个进行分析解决。结合版面色彩、构图等因素综合考虑，制作出平面稿，供客户审核。

4. 网页切割

确定平面设计的方案之后，将版面中的图片进行合理的切割，以保证网站浏览的速度。

5. 网页后台制作

当所有的设计程序完成之后，进行图片链接等后台制作，最终完成网页设计。

10.2 网页版式设计案例

今天我们要讲的是，如何使用 Adobe Illustrator 进行网页版式设计。

(1) 打开 AI 软件，新建一个文档。在工具栏中找到【矩形工具】，按住【Shift】键绘制一个填充为深灰色、无边框的正方形。按住【Shift】键旋转 45°，按住【Shift】键调整一下大小。按住【Alt】键拖动矩形复制出两个矩形，调整大小和位置，使这两个矩形和第一个矩形平行且间距一致，三个矩形大小错落有致(见图 10-2-1)。

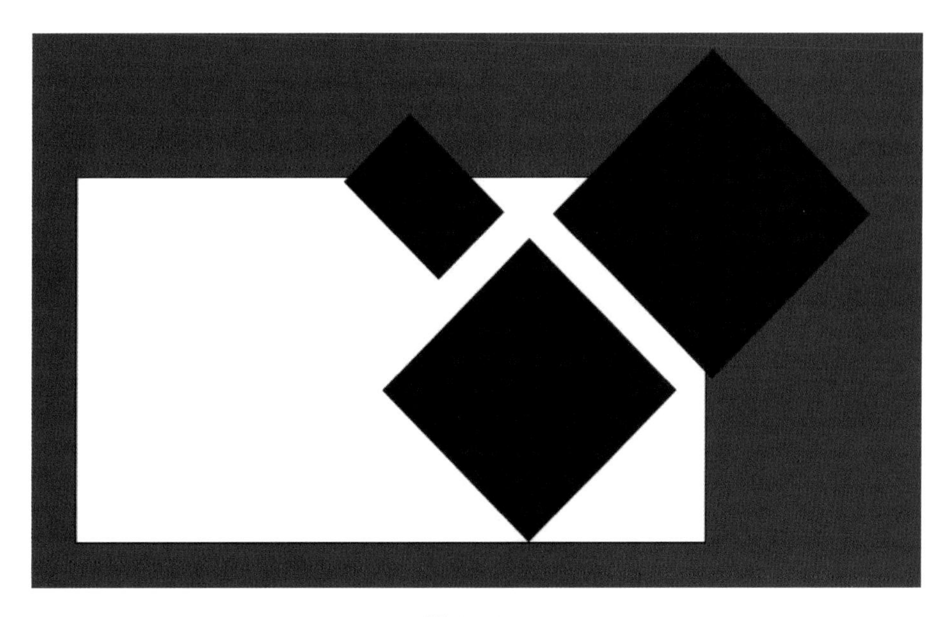

图 10-2-1

⑵ 选中其中一个矩形，在上方属性面板中找到【形状】—【边角类型】，改为 100 px，使之成为圆角矩形，采用同样的方法依次完成其余两个矩形的圆角化，并调整大小和位置(见图 10-2-2)。

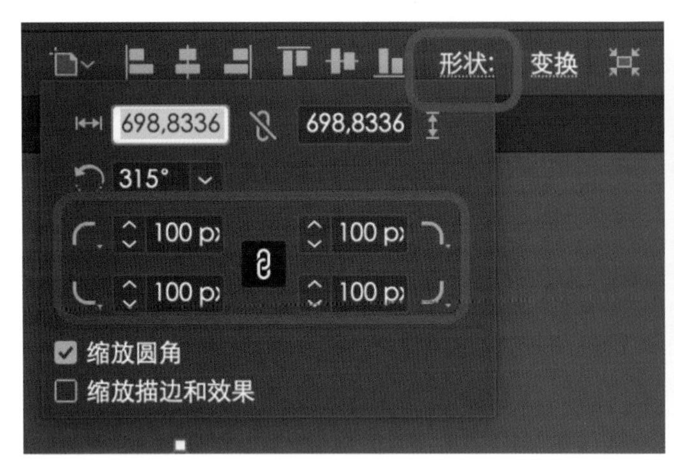

图 10-2-2

⑶ 在菜单栏中找到【文件】—【置入】，置入素材图片。选中两个大的矩形，在菜单栏中找到【对象】—【复合路径】—【建立】(见图 10-2-3)。选中素材图片，单击鼠标右键，选择【排列】—【置于底层】。

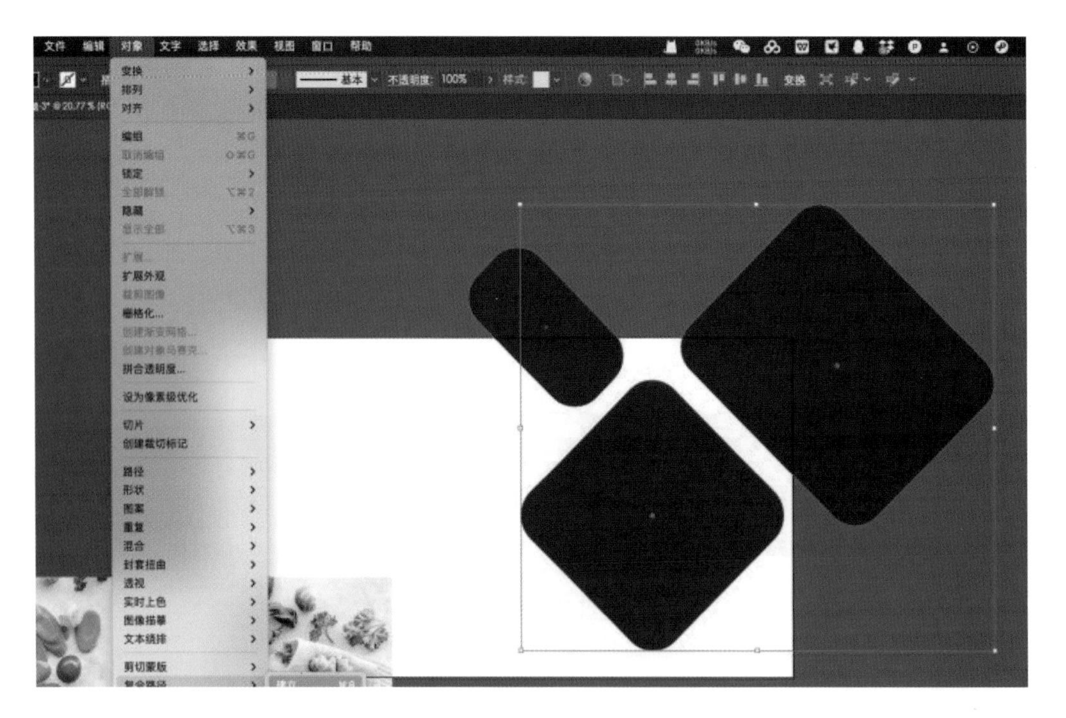

图 10-2-3

⑷ 同时选中两个大矩形和素材图片，单击鼠标右键，选择【建立剪切蒙版】，再次单击鼠标右键，选择【隔离选中的剪切蒙版】，调整素材图片的大小和位置(见图 10-2-4)。

⑸ 双击空白位置解除隔离，使用【钢笔工具】，按住【Shift】键从页面的下面边线中心开始画一个不规则的四边形(在 AI 软件中按住【Shift】键绘图时会自动吸附特殊的位置)。单击鼠标右键，选择【排列】—【置于底层】。使用【吸管工具】填充不规则四边形和小矩形的颜色(见图 10-2-5)。

图 10-2-4

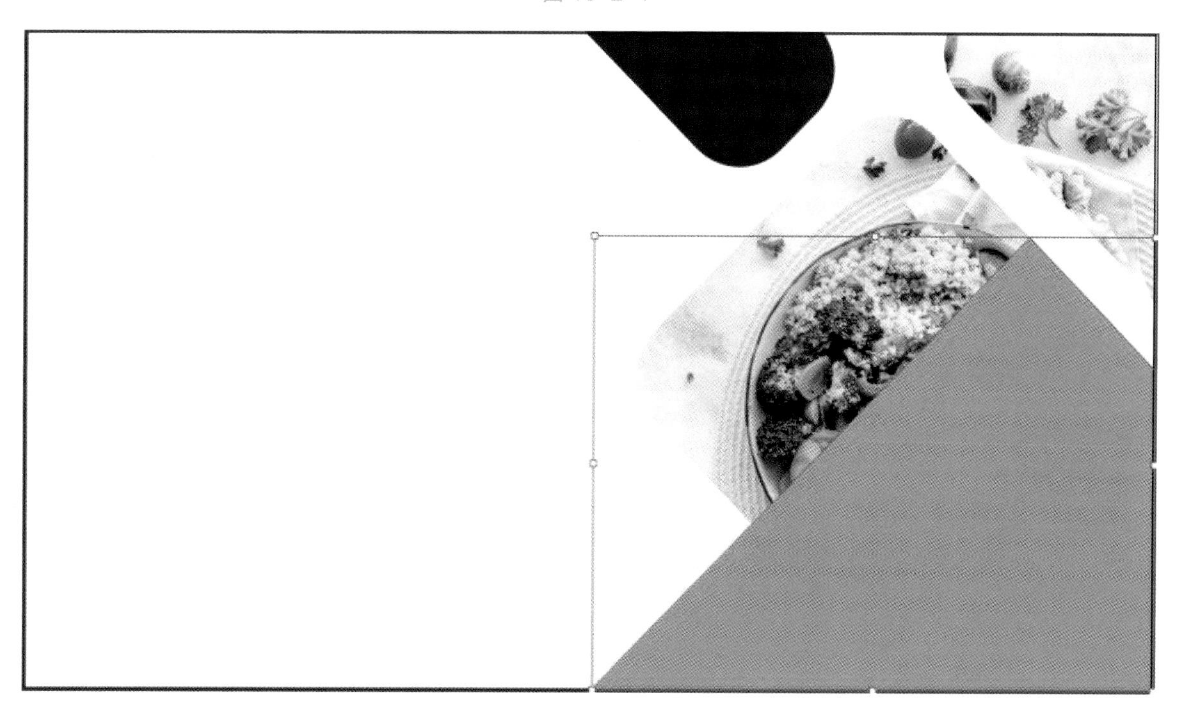

图 10-2-5

⑹ 使用【椭圆工具】,按住【Shift】键绘制一个大的正圆形,在菜单栏中找到【窗口】—【渐变】,类型选择【径向渐变】,单击【反向渐变】(见图 10-2-6)。

⑺ 在菜单栏中找到【窗口】—【透明度】,将【正常】改为【正片叠底】。在菜单栏中找到【窗口】—【渐变】,双击左边的渐变滑块,更改颜色(见图 10-2-7)。单击鼠标右键,选择【排列】—【置于底层】。单击工具栏中的【渐变工具】,调整渐变范围。

图 10-2-6

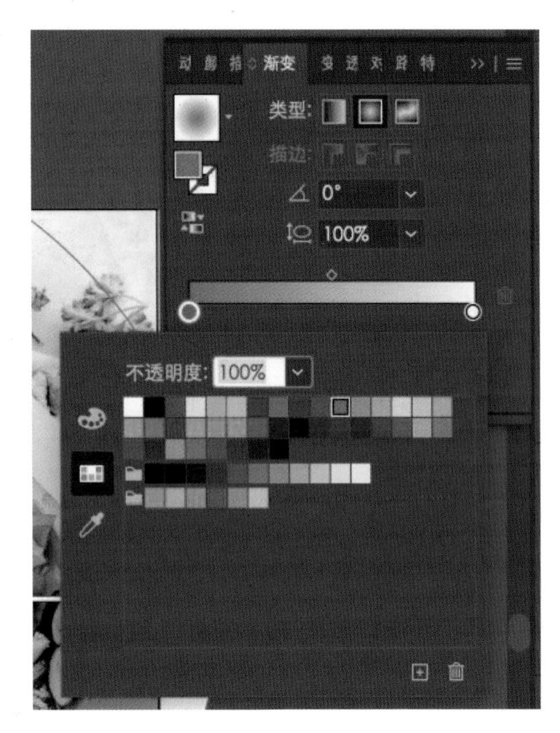

图 10-2-7

⑧ 按住【Alt】键拖动矩形复制出几个小圆角矩形，并调整不透明度、渐变、大小和位置。在工具栏中找到【矩形工具】，单击空白位置，创建一个 1920 px × 1080 px 的矩形，在属性面板中单击【水平居中对齐】和【垂直居中对齐】，框选所有内容，单击鼠标右键，选择【建立剪切蒙版】。再新建一个 1920 px × 1080 px 的矩形，在属性面板中单击【水平居中对齐】和【垂直居中对齐】，单击鼠标右键，选择【排列】—【置于底层】，框选所有内容，单击鼠标右键，选择【编组】(见图 10-2-8)。

图 10-2-8

⑼将图层锁定并新建一个图层，重命名为文字。加上相关的文字内容、LOGO 和图标，并进行调整。选中【预约】图标，在菜单栏里找到【效果】—【风格化】—【投影】，调整投影的色彩和相关数据，再对画面进行最后的微调(见图 10-2-9)。

图 10-2-9

⑽新建一个图层，拖到所有图层的最下面。使用【矩形工具】，单击空白位置，创建一个 1920 px × 1080 px 的矩形，再拉大一些，在属性面板中单击【水平居中对齐】和【垂直居中对齐】。再创建一个 1920 px × 1080 px 的矩形，在菜单栏里找到【效果】—【风格化】—【投影】，调整投影的色彩和相关数据。大矩形填充一个浅浅的米橘色(见图 10-2-10)。

图 10-2-10

导出，完成！(见图 10-2-11)

RESTAURANT NAME
首页
关于
服务
联系
新鲜
健康轻食
lorem ipsum dolor sit amet, consectetur adipiscing elit, sed do eiusmod tempor incididunt
预约
50% OFF
SPECIAL OFFER

图 10-2-11

第 11 章

包装版式设计

11.1 包装版式设计的类型

1. 焦点式

这是一种比较常用并且实用的样式，将产品或能体现产品属性的图形作为主体，放在整个版式的视觉中心，产生强烈的视觉冲击(见图 11-1-1)。

图 11-1-1

2. 色块分割式

用大块的色块将画面分成好几部分，一部分色块作为主视觉元素，其余部分或填充产品信息，或添加设计元素作为装饰用。这种形式有利于延伸、拓展（见图 11-1-2）。

3. 包围式

将包装上的主要文字信息放在中间，用众多的图片元素将其包围起来，重点突出文字信息，画面会显得活泼、丰富（见图 11-1-3）。

图 11-1-2

图 11-1-3

4. 半遮式

单个包装画面只展示主体图形的一部分，组合起来又是一个新的图形，具有丰富的想象空间，可以突出精彩点（见图 11-1-4）。

图 11-1-4

5. 文字式

包装上少量的图片元素结合品牌 LOGO、产品名称、卖点等进行排版，弱化图形元素，设计简洁明了(见图 11–1–5)。

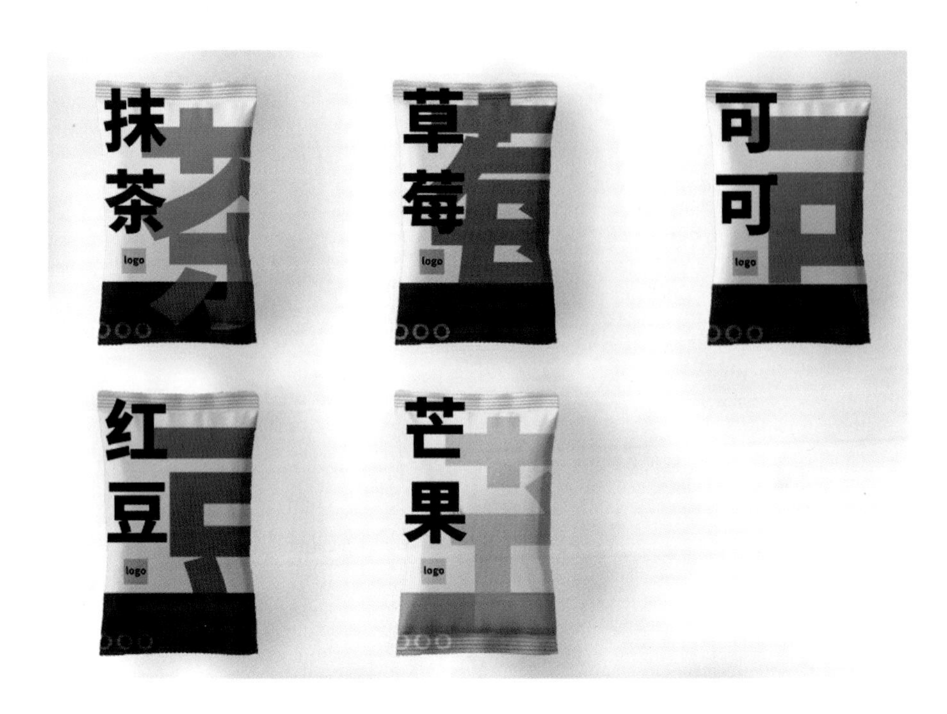

图 11–1–5

6. 平铺底纹式

多采用几何线条元素或色块，设计成底纹布满整个版面，作为画面的底纹，让画面非常饱满充实(见图 11–1–6)。

图 11–1–6

7. 徽标式

所谓的“徽标式”构图，即将包装上的图或文以徽章的形式，形成一种独立的视觉效果。这种构图形式多见于酒类、茶叶类包装之上，因为自带一种高贵、品质之感，是很多设计师喜欢应用的一种构图形式(见图 11-1-7)。

图 11-1-7

8. 全屏式

全屏式设计跟我们在电脑上看电影时的全屏播放很相似，即画面部分几乎布满了整个版面，这种设计非常饱满，很完整(见图 11-1-8)。

图 11-1-8

9. 镂空式

有些设计师为了让消费者看到包装盒里的产品，会把包装盒的某个部分镂空。这种形式有利于画面元素和镂空部分内容的有效结合，也可充分发挥设计师的想象空间(见图 11-1-9)。

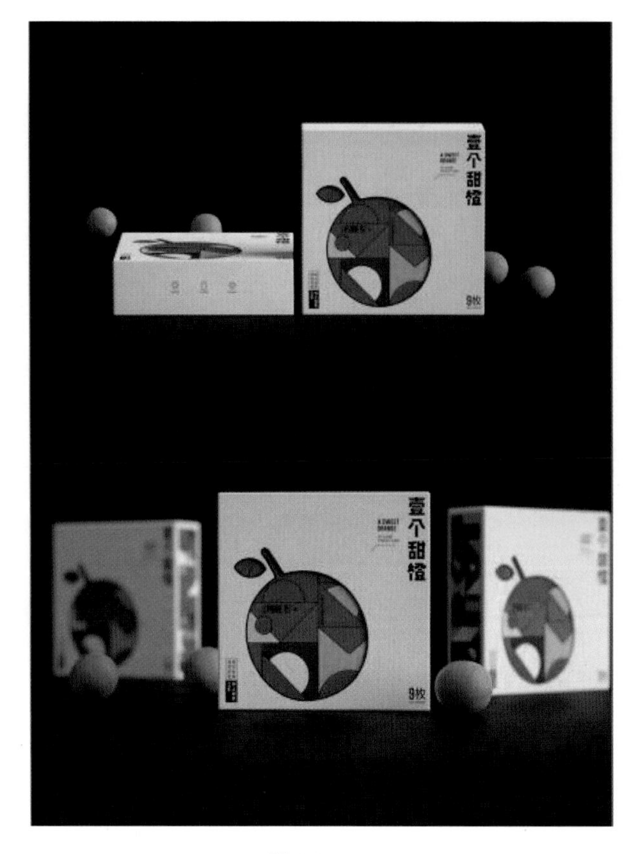

图 11-1-9

11.2 包装版式设计案例

本次学习的案例是使用 Adobe Photoshop 和 Adobe Illustrator 来设计糖果的包装，通过案例来了解包装视觉构成和材质的选择方法。

在开始设计之前，必须了解产品包装的定位，比如这款糖果包装的主要使用者是小朋友，那么就要从小朋友的角度去分析。

(1) 颜色的选择，站在小朋友的立场上要选择鲜艳明亮一些的颜色，比如糖果色、马卡龙色是我们首先要去考虑的。

(2) 在图案方面，对于包装中的主要视觉元素，Q 版的、可爱一点的图案，小朋友会比较喜欢。在提炼元素的时候就把它们向可爱的这个方向去优化。比如图 11-2-1 所示画面中的这只小猫，它的头很大，有着长长的尾巴和细细的身子，虽然只是个剪影，但是也能看出来它是非常可爱的。

(3) 关于画面中字体的选择，画面整体的风格是比较可爱的，活泼可爱的感觉会更吸引小朋友，所以在字体的选择上还是要活泼可爱一点的，这样的感觉符合整体的风格，风格也会比较统一。黑体和宋体字尽量不要出现在画面的主要位置,可以用于包装背面的一些详细的文字介绍。

⑷ 版式。版式肯定也要活泼可爱一点,不要太拘谨、死板。

⑸ 材质。这个包装设计的材质采用了塑料。塑料是我们常见的一种材质,运用非常广泛。塑料包装跟纸质包装相比有很多的优势,比如说防潮、成本低等,而且大多数的塑料材质明亮光滑,呈现出来的颜色非常鲜艳靓丽,比较适合小朋友。

⑹ 设计。在这个糖果包装设计中运用了镂空的手法,可以呈现出多样的效果,也能够更好地突出重点,使包装盒能够更好地吸引消费者;其次,可以让消费者很直观地看到产品,从而安心购买。

那么接下来我们就来做一下包装的视觉部分。

⑴ 在 Adobe Illustrator 中新建一个 100 mm × 140 mm 的矩形,然后给它一个不特别艳丽,也不特别暗淡的比较温和的颜色。然后使用【钢笔工具】,分别按照不同的身体部位,勾画出小猫的形态(见图 11–2–1)。注意,在使用【钢笔工具】时,按住鼠标左键的同时拖动鼠标,就可以画出曲线。

⑵ 勾画完成后,在这个基础上使用【直接选择工具】和【平滑工具】的搭配,去进行优化和调整。使用【直接选择工具】拖动锚点左右两侧的手柄可以调整曲线形状,使用【平滑工具】(见图 11–2–2)可以使形状更加圆润平滑。

图 11–2–1

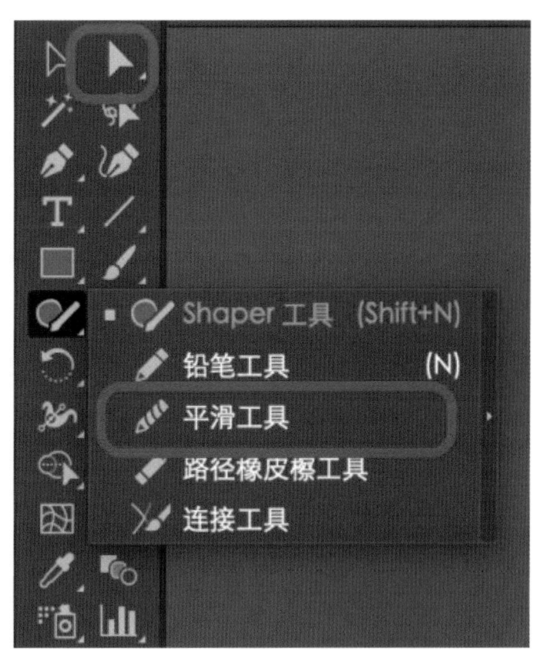

图 11–2–2

调整完成后,给小猫填充白色。框选小猫全身,按【Ctrl+G】进行编组,并调整好小猫在矩形中的大小和位置。

⑶ 使用【文字工具】打出品牌文字“SWEET CATS”,并选择一个圆润可爱的字体,调整好文字在猫头部分的大小和位置。选中文字,单击鼠标右键,选择【创建轮廓】,再次单击鼠标右键,选择【取消编组】,逐个调整每个字母的大小,填充猫头部分,并且使其错落有致。这样的版式比较活泼随意,不会特别呆板拥挤,但是注意不能失去文字的可读性。

调整好之后按【Ctrl+G】将文字进行编组,然后再选择一个明度偏高的且和背景色互补的颜色,这样会使整个画面更亮。再把产品商标放在猫的额头位置上(见图 11–2–3)。

图 11-2-3

⑷ 在设计的过程中要考虑到产品的打开方式，袋装糖果要从预切口撕开，所以上面要留出一定的空间，保证撕开的时候也不会影响到视觉画面。使用【文字工具】输入产品名称和宣传语，同样选择一个圆润可爱的字体，并调整好大小和位置（见图 11-2-4）。

⑸ 进行背面部分的绘制。因为包装正反面是一样大的，所以选中正面的矩形，按【Ctrl+D】复制一个。选中猫头和产品名称，按【Ctrl+D】复制，适当缩小并调整好位置，和包装正面一样，上方预留出一定的空间。然后把产品名称和需要突出的卖点也复制一个放到猫头旁边，这样能够更加深化主体小猫的形象（见图 11-2-5）。

图 11-2-4

图 11-2-5

⑥ 产品包装背面的信息是很多的，首先要把信息进行分类。商品信息大致分这么几类：生产厂商的信息、生产许可证编号、一般食品都会有的营养成分表、条形码，还有一些警示语之类的。我们要把它们整理分类，规划一下版面设计。

配料表相对于厂商地址信息来说是突出一些的，所以可以通过加粗或者加大字号来做重点突出。相对不那么重要的厂商地址信息的字符和行距可以调小一些。营养成分表和条形码，还有环保标志等信息也摆放好。还有一些需要特别注意的信息，可以单独做成一个小图标，比如说给它框起来，或者做一个纯色的底色，来突出它。这样做也丰富了产品包装背面的详细信息的层次，如果都是千篇一律的排版，阅读起来也很困难。

在对背面的内容进行对齐、位移等调整时需要注意，产品包装的设计需要套样机，并进行后续生产。在本案例中，有三条边是通过挤压的方式黏合在一起的，所以要特别注意预留好类似于书籍设计时的出血的边，不要影响到产品主要的文字信息(见图 11-2-6)。

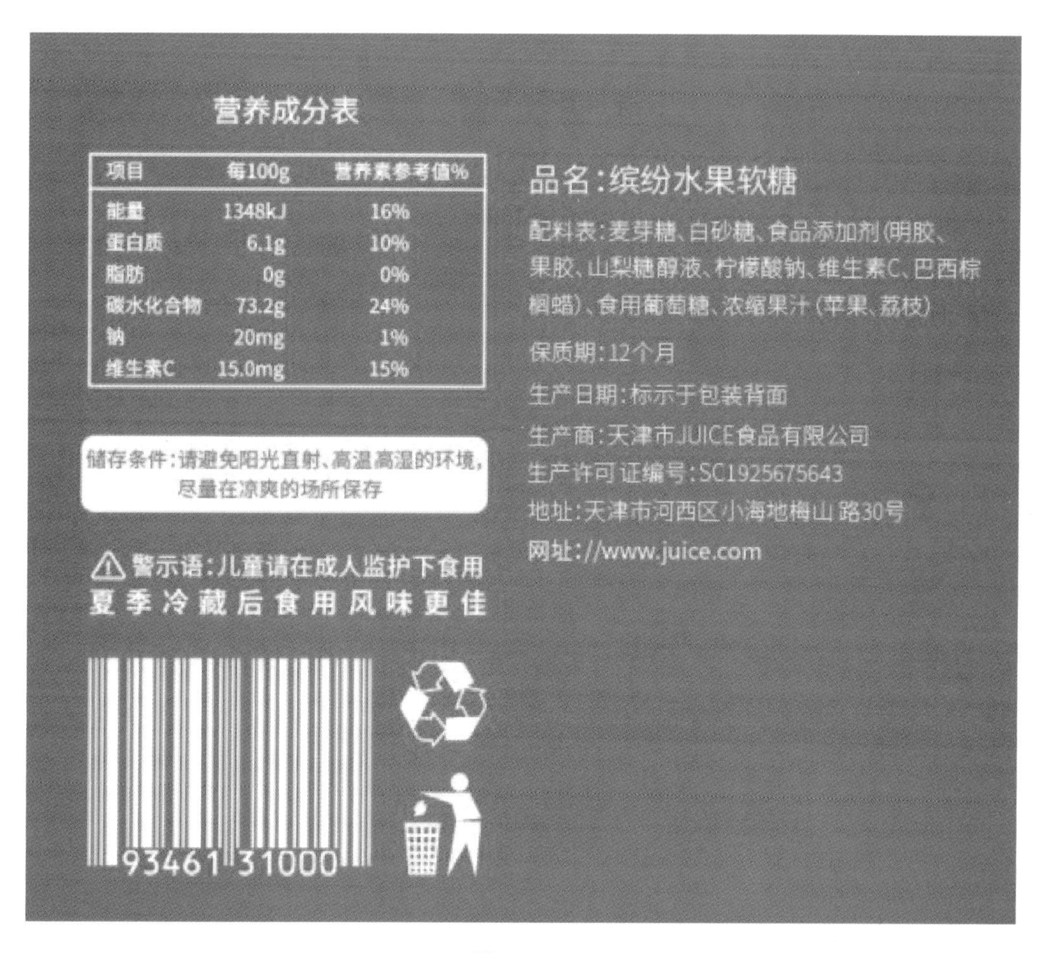

图 11-2-6

⑦ 按【Ctrl+C】复制包装正面的所有图层，打开 Photoshop 软件，创建一个等大的文档，按【Ctrl+V】粘贴过来，在图层名称处双击鼠标左键，重命名为【正面】。使用【钢笔工具】，选择【路径】，分块描画出需要镂空的地方，建立选区，按删除键裁掉，然后将糖果的图片叠在图层的下方，调整一下大小。新建一个图层，重命名为【猫咪身体】，用【钢笔工具】描出猫咪身体的形状，填充为和背景一样的颜色。把鼠标放在图层面板中的【正面】图层和【猫咪身体】图层的中间，单击鼠标右键，选择【创建剪贴蒙版】，猫咪的身体就变成和背景一样的颜色了(见图 11-2-7)。

图 11-2-7

最后,把产品包装背面从 AI 中拷贝进 PS 里,并将这两个画面贴到样机里,这样就完成啦!